本书是教育部人文社会科学青年基金项目
"黄淮平原农产品主产区农业生态补偿效益评价及财税政策优化研究"
（15YJC790082）的研究成果

黄淮平原农产品主产区农业生态补偿及其政策优化研究

秦小丽　王经政　著

吉林大学出版社
·长春·

图书在版编目（CIP）数据

黄淮平原农产品主产区农业生态补偿及其政策优化研究/秦小丽，王经政著. —长春：吉林大学出版社，2020.9
ISBN 978-7-5692-7172-0

Ⅰ．①黄… Ⅱ．①秦… ②王… Ⅲ．①黄淮平原–农业生态–生态环境–补偿机制–研究 Ⅳ．①S181.3

中国版本图书馆 CIP 数据核字（2020）第 186145 号

书　　名　黄淮平原农产品主产区农业生态补偿及其政策优化研究
　　　　　　HUANGHUAI PINGYUAN NONGCHANPIN ZHUCHANQU NONGYE
　　　　　　SHENGTAI BUCHANG JI QI ZHENGCE YOUHUA YANJIU

作　　者　秦小丽　王经政　著
策划编辑　李承章
责任编辑　安　斌
责任校对　刘　丹
装帧设计　刘　丹
出版发行　吉林大学出版社
社　　址　长春市人民大街 4059 号
邮　　编　130021
发行电话　0431–89580028/29/21
网　　址　http://www.jlup.com.cn
电子邮箱　jdcbs@jlu.edu.cn
印　　刷　广东虎彩云印刷有限公司
开　　本　787mm×1092mm　1/16
印　　张　15
字　　数　240 千字
版　　次　2020 年 9 月第 1 版
印　　次　2020 年 9 月第 1 次
书　　号　ISBN 978-7-5692-7172-0
定　　价　76.00 元

序　一

众所周知，我国农业生产经过几十年的发展取得了举世瞩目的成绩，但是对资源的过分依赖导致破坏农业生态环境的现象日趋严重。农业生态补偿是针对农业生态系统设计的一种制度安排，其通过运用财税、市场等手段激励农户维持、保护农业生态系统服务能力，调节农业生态保护者、受益者和损害者之间的利益关系，不断内化农业生产活动产生的外部成本，在解决农业环境问题的基础上不断推动农业的可持续性发展。2013年，国务院提出要完善粮食主产区利益补偿机制，增加中央财政对粮食大县的奖励资金，新增农业补贴要向主产区和优势产区集中；2017年，国务院又强调要落实以绿色生态为导向的农业补贴制度，而其中的重要任务之一就是出台实施完善粮食主产区利益补偿机制的意见。

《黄淮平原农产品主产区农业生态补偿及其政策优化研究》是我的学生秦小丽教授作为第一著作人完成的，该书重点以黄淮平原农产品主产区作为研究对象，针对黄淮平原农产品主产区涉及的四大区域，即苏北平原主产区、淮北平原主产区、鲁西南农产品主产区、黄淮四市，采取定性与定量分析相结合的方法，剖析其农产品主产区及其农业生态补偿现状；分析其农业生态补偿在政策制定、政策执行、政策支撑方面存在的问题与成因；在此基础上，结合我国农业生态补偿取得的成效与面临的困境，借鉴国外的经验启示，有针对性地提出黄淮平原农产品主产区农业生态补偿政策优化的思路与对策；为了使研究的问题更加深入，本书又以苏北平原主产区作为典型案例区域，对其农业生态补偿助推新型农业发展进行了调查研究、实证研究等多项拓展性的研究，使研究结论更加严谨、更具说服力。

　　总体来看，健全农业生态补偿机制、不断优化农业生态补偿政策是落实农业绿色发展理念的关键环节，其对促进农业农村绿色发展、维护社会公平正义与稳定具有重要的现实意义。黄淮平原是我国主要的农产品主产区，其内部各区域都实施了一些农业生态补偿项目，这些农业生态补偿项目实施的现状如何、存在哪些问题、如何从政策角度破解就成为当下亟需反思的问题，这也正是本书的价值所在。作为一本区域性农产品主产区农业生态补偿研究的书籍，本书的指导性和实用性很强，值得一读。

西安交通大学管理学院副院长、教授、博士生导师

序　二

2010 年 12 月，国家出台《全国主体功能区规划》，将农产品主产区列入限制开发之列，目的是保护农业发展条件较好区域的耕地，使之能集中各种资源发展现代农业，不断提高农业综合生产能力；同时，也方便国家强农惠农政策更加集中地落实到这类区域，以推动农产品主产区的健康持续发展。21 世纪以来国家从取消"农业税"到近十多年来中央财政以每年 15% 左右的增幅强化对"三农"的支出，对耕地和水资源保护、扶持粮食生产给予了巨大的政策支持，但这些政策支持大多是以奖代补，这同重点生态功能区逐步实施的补偿政策仍有差距。2018 年，国家出台了《耕地质量保护专项资金管理办法》，结合之前发布的《到 2020 年化肥使用量零增长行动方案》《到 2020 年农药使用量零增长行动方案》等，围绕农产品主产区的功能定位，对其实施的农业生态补偿项目进行剖析与评价，针对存在的问题寻找破解对策，对于进一步完善我国的农业生态补偿体系，不断推动农产品主产区更快、更健康的发展具有重要的理论和实践意义。

由秦小丽、王经政所著的《黄淮平原农产品主产区农业生态补偿及其政策优化研究》根据《全国主体功能区规划》中构建的农业战略格局以及国家层面所确定的农产品主产区发展重点，以黄淮平原农产品主产区作为研究区域，通过对国外关于农业生态补偿理论和实践经验的剖析与归纳总结，取长补短，探索优化国内农业生态补偿政策的思路；在此基础上，通过大样本数据对黄淮平原农产品主产区的四大区域及其农业补偿的现状与成因进行了分析，并针对黄淮平原农产品主产区农业生态补偿政策在制订、执行、保障方面存在的主要问题，根据国外经验启示，结合黄淮平原农产品主产区的区域详情，有针对性的提出破解对策。最后，利用调查研究、实证研究、案例研究等方法对黄淮平原农产品主产区江苏区域农业生态补偿助推新型农业发展进行了拓展研究。

总体来看，该书的研究内容逐步递进、逐步深入，逻辑关系自洽，研究思路比较清晰，研究方法与研究内容的适用性与匹配性也很强，从而体现出了研究对象的独特性与研究内容的深入性。该书一方面丰富了农业生态补偿的时代内涵，充实了农业生态经济、区域可持续发展等理论；另一方面也为完善黄淮平原农产品主产区农业生态补偿政策体系提供了有价值的参考，同时也能为其他农产品主产区的农业生态补偿政策优化与实践推进提供借鉴。我相信这本书一定能发挥它应有的作用。

南京航空航天大学经济与管理学院教授、博士生导师

目　录

第一章　导言 ……………………………………………… 1

1.1　研究背景与研究意义 ………………………………… 1

1.1.1　研究背景 ………………………………………… 1

1.1.2　研究意义 ………………………………………… 2

1.2　文献综述 …………………………………………… 4

1.2.1　国外文献综述 …………………………………… 4

1.2.2　国内文献综述 …………………………………… 9

1.2.3　国内外农业生态补偿研究简评 ……………… 17

1.3　研究内容与研究方法 ……………………………… 18

1.3.1　研究内容 ………………………………………… 19

1.3.2　研究方法 ………………………………………… 21

1.4　研究的可行性与创新性 …………………………… 23

1.4.1　研究的可行性 …………………………………… 23

1.4.2　研究的创新点 …………………………………… 24

第二章　理论基础与核心概念 ………………………… 26

2.1　理论基础 …………………………………………… 26

2.1.1　生态学相关理论 ………………………………… 26

2.1.2　经济学相关理论 ………………………………… 28

2.1.3　社会学相关理论 ………………………………… 31

2.1.4　生态经济学相关理论 …………………………… 34

2.2　核心概念 …………………………………………… 36

2.2.1 农业生态系统 ··· 36

2.2.2 农业生态系统服务 ··· 39

2.2.3 生态补偿 ··· 42

2.2.4 农业生态补偿 ··· 44

第三章 我国的农产品主产区及其农业生态补偿实践 ········· 47

3.1 全国主体功能区规划有关农产品主产区的规定 ········· 47

3.1.1 国家层面农产品主产区的界定与功能定位 ········· 47

3.1.2 国家层面农产品主产区的发展方向和开发原则 ········· 47

3.1.3 国家层面农产品主产区的发展重点 ················· 49

3.2 我国农业生态补偿制度的建立健全 ····················· 50

3.2.1 我国生态补偿制度的建立健全 ····················· 50

3.2.2 我国农业生态补偿制度的建立健全 ················· 51

3.3 我国农业生态补偿的实践 ································· 54

3.3.1 我国生态补偿的政策实践 ·························· 54

3.3.2 我国农业生态补偿的项目实践 ····················· 56

3.3.3 我国农业生态补偿的主要特征 ····················· 58

3.4 我国农业生态补偿的成效与困境 ······················· 61

3.4.1 我国生态补偿的成效与困境 ························ 61

3.4.2 我国农业生态补偿的成效与困境 ··················· 61

第四章 国外农业生态补偿的做法与经验启示 ················· 63

4.1 美国农业生态补偿的主要做法 ·························· 63

4.1.1 美国农业生态补偿制度的演进 ····················· 63

4.1.2 美国农业生态补偿的法律法规 ····················· 64

4.1.3 美国农业生态补偿的具体实践 ····················· 64

4.2 欧盟及其主要成员国农业生态补偿的主要做法 ········· 67

4.2.1 欧盟农业生态补偿的总体概况 ……………………… 67

4.2.2 欧盟农业生态补偿的实践及其演进 ………………… 68

4.2.3 欧盟成员国德国的农业生态补偿做法 ……………… 71

4.3 日本农业生态补偿的主要做法 ……………………………… 74

4.3.1 日本农业环境法规体系的建立健全 ………………… 74

4.3.2 日本农业生态补偿的具体实践 ……………………… 74

4.4 发展中国家农业生态补偿的主要做法 …………………… 76

4.5 国外农业生态补偿经验的总结 …………………………… 76

4.5.1 国外农业生态补偿法律法规的建立健全 …………… 77

4.5.2 国外农业生态补偿界限与补偿标准 ………………… 77

4.5.3 国外农业生态补偿的主要模式 ……………………… 78

4.5.4 国外农业生态补偿的财税、金融支持 ……………… 80

4.5.5 国外的农业生态补偿程序 …………………………… 81

4.5.6 国外农业生态补偿的支付机制 ……………………… 82

4.6 国外农业生态补偿经验对我国的启示 …………………… 83

4.6.1 农业生态补偿政策制定方面 ………………………… 83

4.6.2 农业生态补偿政策执行方面 ………………………… 85

4.6.3 农业生态补偿政策支撑体系方面 …………………… 86

第五章 黄淮平原农产品主产区及其农业生态补偿现状 ………… 88

5.1 黄淮平原农产品主产区总体概况 ………………………… 88

5.2 黄淮平原江苏区域农产品主产区及其农业生态补偿现状 ……… 88

5.2.1 江苏省农产品主产区的功能定位与发展方向 ……… 88

5.2.2 黄淮平原区江苏区域农产品主产区的分布情况 …… 90

5.2.3 黄淮平原江苏区域农产品主产区农业生态补偿现状 ……… 92

5.3 黄淮平原安徽区域农产品主产区及其农业生态补偿现状 …… 101

5.3.1 安徽省的农业发展战略格局 ………………………… 101

5.3.2 黄淮平原安徽区域农产品主产区的分布情况与功能定位 … 102

5.3.3 黄淮平原安徽区域农产品主产区农业生态补偿现状 …… 106

5.4 黄淮平原山东区域农产品主产区及其农业生态补偿现状 …… 111

5.4.1 山东省的农业发展战略格局 ……………………… 111

5.4.2 黄淮平原山东区域农产品主产区的分布情况与功能定位 … 112

5.4.3 黄淮平原山东区域农产品主产区农业生态补偿现状 …… 114

5.5 黄淮平原河南区域农产品主产区及其农业生态补偿现状 …… 120

5.5.1 河南省的农业发展战略格局 ……………………… 120

5.5.2 黄淮平原河南区域农产品主产区的分布情况与功能定位 … 121

5.5.3 黄淮平原河南区域农产品主产区农业生态补偿现状 …… 124

5.6 黄淮平原农产品主产区农业生态补偿现状评析 ……………… 128

第六章 黄淮平原农产品主产区农业生态补偿政策存在的问题及破解

对策 …………………………………………………… 129

6.1 黄淮平原农产品主产区农业生态补偿政策存在的问题与成因 …… 129

6.1.1 农业生态补偿政策制定方面的问题与成因 …………… 129

6.1.2 农业生态补偿政策执行方面的问题与成因 …………… 133

6.1.3 农业生态补偿政策支撑方面的问题与成因 …………… 137

6.2 黄淮平原农产品主产区农业生态补偿的主要原则 …………… 139

6.2.1 "生态优先、恰当定位"原则 ………………………… 140

6.2.2 "权责统一、公正合理"原则 ………………………… 140

6.2.3 "政府主导、社会参与"原则 ………………………… 141

6.2.4 "统筹兼顾、转型发展"原则 ………………………… 142

6.2.5 "因时制宜、因地制宜"原则 ………………………… 142

6.2.6 "试点先行、稳步实施"原则 ………………………… 143

6.3 破解黄淮平原农产品主产区农业生态补偿政策问题的对策

与建议 ………………………………………………… 144

6.3.1　新形势下构建农业生态补偿政策体系的新思路 ············ 144

6.3.2　破解农业生态补偿政策制定方面问题的对策与建议 ······ 148

6.3.3　破解农业生态补偿政策执行方面问题的对策与建议 ······ 153

6.3.4　破解农业生态补偿政策支撑方面问题的对策与建议 ······ 163

第七章　黄淮平原农产品主产区江苏区域农业生态补偿助推新型农业

　　　　发展研究 ··· 169

7.1　基于农村社区发展的苏北农业生态补偿情况调研 ············ 169

7.1.1　苏北农业生态补偿实施现状的调研分析 ············ 169

7.1.2　基于农村社区发展的苏北农业生态补偿民众认知调研 ···· 171

7.1.3　基于农村社区发展的苏北农业生态补偿机制完善措施 ···· 173

7.2　苏北循环农业生态补偿助推生态循环农业发展问题分析 ······ 175

7.2.1　我国循环农业生态补偿与生态循环农业发展研究述评 ···· 175

7.2.2　循环经济理念下农业生态补偿与生态循环农业发展的

　　　　互动机理 ··· 175

7.2.3　苏北生态循环农业生态补偿情况评析 ··············· 177

7.2.4　循环农业生态补偿支持下的苏北生态循环农业发展

　　　　情况分析 ··· 180

7.2.5　循环农业生态补偿助推苏北生态循环农业发展的建议 ····· 184

7.3　基于技术锁定与替代视角的苏北循环农业生态补偿效益

　　　评价 ··· 188

7.3.1　循环农业生态补偿效益评价的必要性分析 ··········· 188

7.3.2　技术锁定与替代对生态循环农业发展及其补偿政策

　　　　设计的影响 ··· 189

7.3.3　苏北循环农业生态补偿效益评价指标集的确定 ········· 190

7.3.4　基于ISM法构建苏北循环农业生态补偿效益评价模型 ···· 196

7.3.5　苏北循环农业生态补偿效益的评价 ··············· 201

7.3.6 苏北循环农业生态补偿效益评价的实证结论与可能的
解释 ·· 205

7.3.7 基于技术锁定与替代优化循环农业生态补偿政策的
建议 ·· 207

7.4 农业生态补偿助推宿迁绿色农业发展问题研究 ·············· 209

7.4.1 宿迁绿色农业发展取得的成效 ··································· 209

7.4.2 宿迁绿色农业发展存在的问题 ··································· 211

7.4.3 绿色农业发展与农业生态补偿的互动机理 ·············· 212

7.4.4 宿迁农业生态补偿生态效益的评价 ························· 213

7.4.5 实证结论与政策建议 ··· 216

第八章 研究结论与展望 ··· 220

8.1 研究结论 ·· 220

8.2 研究展望 ·· 222

参考文献 ··· 223

第一章 导 言

1.1 研究背景与研究意义

1.1.1 研究背景

美国著名的未来学学者甘哈曼先生曾说过，人们总是习惯于把自己周围的环境当成是一种免费的东西，因而随意地对待甚至糟蹋，却不知道去保护和珍惜它。国内长期缺乏自然资源价值补偿的意识，这对促进经济社会可持续发展和推进生态文明建设是一种障碍。建立生态补偿机制是促进生态安全、经济发展、社会和谐的有效方法。经过细致梳理发现，我国政府在改革初期就已意识到生态补偿的必要性和重要性。1983 年，中央有关部门协助地方政府在云南昆阳磷矿开展采矿区生态恢复治理工作，这可以被看作是国内生态补偿的首次尝试。此后不久，其他的一些省市也陆续开始征收矿产开发补偿费用，有关森林生态效益补偿的政策性研究也提上日程。在 1998 年修订的《森林法》中，明确提出要建立"森林生态效益补偿基金"，这为日后有效开展森林方面的生态补偿打下了牢固的法律基础。在随后的几年中，我国先后实施了退耕还林、退耕还草、天然林保护等大型森林生态效益补偿项目，并出台相关政策，支持生态保护工作。包括广东、浙江、河北、河南、福建、陕西等在内的多个省份积极制定符合本区域实际情况和森林特点的生态补偿政策，其中 2005 年 9 月浙江省的《关于进一步完善生态补偿机制的若干意见》就是其中的突出代表。

随着国内生态补偿问题探索的不断加速，关于生态补偿的国家政策导向也开始逐渐清晰起来。党的十六届五中全会第一次明确提出"加快建立生态补偿机制"；党的十七大报告中再次强调要"实行有利于科学发展的财税制度，建立健全资源有偿使用制度和生态维护、环境保护、空气补偿机制"；2008 年，"健全农业生态环境补偿制度，形成有利于保护农业、水域、森林、草原、湿地等自然资源和农业物种资源的激励机制"被党中央在《中共中央关于推进农村改革发展若干重大问题的决定》中提上议程。农业生态补偿是保障生态环境安全，实现农业可持续发展的一种制度安排。随着对农业生态问题研究的深入，2013 年党的十八届三中全会报告指出："要健全自然资源资产产权制度和用途管制制度，划定生态保护红线，实行资源有偿使用制度和生态补偿制度，改革生态环境保护管理体制。"2016 年 4 月 28 日，国务院办公厅发布《国务院办公厅关于健全生态保护补偿机制的意见》，明确指出要建立以绿色生态为导向的农业生态治理补贴制度。2017 年，党的十九大报告进一步提出要"建立市场化、多元化的生态补偿机制"。但我国农业资源口径广、农业污染压力大、农业环境保护利益主体较多，使得我国现有的农业生态补偿制度、补偿政策难以满足农业可持续发展的需要，有关农业生态补偿的内容、体系框架、保障支持体系等有待进一步探究。

1.1.2　研究意义

我国农业生产经过几十年的发展取得了举世瞩目的成绩，但是对资源的过分依赖导致农业生态环境破坏现象日趋严重。我国 2010 年 12 月发布的《全国主体功能区规划》在背景的"突出问题"中提道：我国耕地减少过多过快，保障粮食安全压力大。为了合理进行国土空间上的开发利用，《全国主体功能区规划》将农产品主产区列入限制开发之列，目的是保护农业发展条件较好区域的耕地，使之能集中各种资源发展现代农业，不断提高农业综合生产能力；与此同时，也可以使国家的强农惠农政策更加集中落实到这类区域，确保农民收入不断增长，农村面貌不断改善，农产品主产区健康持续发展。而健康的农业生态系统是农业生产最基本的物质基础和发展条件，是保障社会经济稳定和可持续发展的基础。农业生态补偿是针对农业生态系统设计的一种制度安排，其力图通过重新安排土地产权结构建立各相关主体之间新的契约关系，并通过运用财税、市场等手段激励农户维持、保护农业生态系统服务能力，调节农业生态保护者、受益者和损害者之间的利益关系，不断内化农业生产活动产生的外部成本，在解决农业环境问题的基础上不断推动农业可持续性发展。由此可见，开展农业生态补偿是维护农业生态安全、推动农产品主产区可持续发展的现实需求，其与农产品主产区的功能定位有着内在的一致性。

事实上，早在20世纪30年代，国外就已经开始了对农业生态补偿的理论研究及实践探索，研究表明合理的农业生态补偿能够激励农户，弥补农户参与成本。我国对于农业生态补偿的研究起步较晚，成果较少，目前尚处于初步探索阶段，还没形成完整、成熟的农业生态补偿理论体系。在实践中，我国从取消"农业税"到近十多年来中央财政以每年15%左右的增幅增加对"三农"的支出，其对耕地和水资源保护、扶持粮食生产的政策力度可谓极致，但大多是以奖代补，仍然同重点生态功能区逐步实施的补偿政策有差距，没有在全国范围内实现谁产粮给谁补偿，谁调粮给谁补贴的体制机制。在现阶段，结合农产品主产区的功能定位，科学理解农业生态补偿的概念、深入分析农产品主产区农业生态补偿的现状、补偿的效益以及补偿存在的问题，在此基础上，对农业生态补偿的制度完善与政策优化进行更深层次的研究，这一方面能充实农业生态经济、区域可持续发展等理论；另一方面也有利于进一步完善我国的农业生态补偿体系，推动农产品主产区更好更快更健康的发展。

2013年，国务院提出要完善粮食主产区利益补偿机制，要求建立健全农业投入增长、生态补偿、粮食产业发展保护等机制，增加中央财政对粮食大县的奖励资金，新增农业补贴向主产区和优势产区集中。优化农业生态补偿机制是落实绿色发展理念的关键环节，对促进农业农村绿色发展、维护社会公平正义与稳定具有重要的现实意义。2017年是推进农业供给侧结构性改革的关键之年，在资金投入结构调整方面，政策主要是改革财政支农投入机制，探索建立涉农资金统筹整合长效机制，落实以绿色生态为导向的农业补贴制度等，而其中的重要任务就是出台实施完善粮食主产区利益补偿机制的意见。黄淮平原是我国主要的农产品主产区，其覆盖了河南东部(豫东)、山东西南部(鲁西南)、江苏北部(苏北)和安徽北部(皖北)的多个县区，这些区域的分布、农业资源禀赋等不尽相同，但或多或少都实施了一些农业生态补偿项目，到目前为止这些试点的农业生态补偿项目实施得如何、存在哪些问题、需要从政策角度如何破解就成为当下需要及时反思的问题。与此同时，包括环境财税制度在内的相关制度与政策是生态补偿机制的重要组成部分和关键保障，目前我国与农业生态补偿相关的制度或政策研究较少，农业生态补偿依然是以国有主导的财政补偿为主，没有实现补偿主体和补偿方式的多样性，补偿的市场化程度比较低。为了激发全社会参与生态环境保护的积极性，我国于 2018 年 12 月颁布了《建立市场化、多元化生态保护补偿机制行动计划》，在其影响下，如何利用制度与政策的调控作用，通过政府补偿引导并推动农业生态补偿机制的市场化运作也是一个亟待解决的问题，其处理的好坏与否会对农业生态文明建设产生重要影响。

1.2 文献综述

1.2.1 国外文献综述

国际上的生态补偿起步较早，美国于 20 世纪 30 年代开始探索如何恢复生态环境，其关于生态补偿问题的研究起步较早、发展较快。欧盟也于 20 世纪 80 年代开启了农业生态补偿。随后，英国、美国、德国、日本等发达国家有关农业生态补偿的制度逐渐成形并在实际中发挥作用，不断推动着其农业生态环境的改善与农业活动的健康持续开展。

1.2.1.1 关于生态补偿的研究

国外对生态补偿的研究主要集中在生态补偿概念与作用的研究、生态补偿机制的研究、生态补偿效益评价的研究。生态补偿概念与作用的研究、生态补偿机制的研究多以理论分析与模型构建为主，以增强研究成果的针对性；而生态补偿效益评价的研究则主要是以生态服务价值支付（PES）的形式进行，对补偿绩效的评价以案例研究为主，同时通过定量分析使补偿结果数字化。

（1）关于生态系统服务价值评估的研究

人类对生态环境影响人类社会发展的认识较早，Vogt（1948）最先提出了自然资本和生态系统服务功能的概念，这为该学科的深入研究奠定了基础。随着全球经济的发展，生态环境问题日益突出，可持续发展理论得到持续发展，20世纪90年代起，生态服务功能的评价研究得到了广大学者的关注。Daily G. C. 等(1997)认为生态系统服务是人类直接或间接通过生态系统的结构、过程和功能获得的产品和服务；Costanza R. 等(2007)指出生态系统服务功能是指生态系统和生态过程形成的效益，包括生态系统对人类产生直接影响的供给功能、调节功能和文化功能，以及对维持生态系统的其他功能具有重要作用而对人类社会产生间接影响的支持功能，他将生态系统服务功能分为17类，并核算了各类型的价值；Berta Martin-Lopez 等(2010)提出需要制定集生态、生物、社会、经济为一体的生态系统服务价值体系来为制定决策做参考。

(2)关于生态补偿概念与作用的研究

1977年，美国生态学家 Walter E. Westman 提出了"自然的服务"(Nature's service)的概念，并从价值评估角度阐述了合理利用自然资源的重要性。在此基础上，一些学者对于生态补偿的概念与作用进行了阐释。其中 Rund Cuperus(1996)认为生态补偿是指生态环境遭到破坏之后，政府为解决生态环境问题而采取的补偿方法；Aaron O. Allen(1996)认为生态补偿是对生态环境已遭到破坏的地区进行的生态恢复补偿；Richard Cowell(2000)认为生态补偿是指政府为了弥补已破坏的生态环境资源而采取的有效补救措施。关于生态补偿的作用，Arrow(2000)等提出可以通过生态补偿有效保护生态服务的保护者和提供者的利益，以使生态环境和人类社会和谐发展；Tefano Pagiola(2004)认为政府通过生态补偿补助保护生态环境的行为，有利于调动生态环境资源管理者保护环境的积极性。De Groot(2010)、Seppelt(2011)认为，通过构建标准化的生态价值评估体系才能够将生态系统服务价值的各种有效信息全面反映出来。

(3)关于生态补偿机制的研究

由于经济发展阶段的差异性，西方发达国家在生态补偿机制方面的研究具有很强的实践指导意义。早在1870年，美国的 Larson 和 Mazzars 就提出了第一个帮助政府颁发湿地开发补偿许可证的湿地快速评价模型；1890年，Larson 等为了使政府颁发湿地开发补偿许可证更为科学公正，其对湿地评价模型进行了优化。Asfha、Blackman 和 Ratunanda(2000)认为，需要考虑采用生态效益商品化的渠道解决补偿资金问题，基于此，Cooper 和

Osborn(1998)运用序贯响应离散选择模型和随机效用模型、Bruee(1999)根据生态功能累积效应和相互作用模型、Hanndar(1999)基于线性规划和灵敏度分析模型、Plantingaetal(2001)采用厂商意愿供给模型等对这一问题进行了分析。21世纪初,森林趋势组织和 Katoomba 工作组对森林的生态服务功能、生态系统服务市场化潜力及其市场开发以及所需的配套制度等进行了研究。Drebenstedt C.(2000)指出,要利用市场推动生态补偿机制高效运转。Drechsler(2001)、Johst 等(2002)利用生态学与经济学交叉的方法提出一套生态经济模拟程序,并针对生物多样性保护的生态补偿机制进行了深入研究。Gouyon(2003)重点研究了发达国家高山贫困地区的生态补偿,认为在生态补偿中引入市场机制可以有效解决生态效益外部化的问题。

Kumar(2005)则认为,政府在生态补偿服务市场中发挥着重要作用;Svenw(2005)、Fletcher(2012)、Persson(2013)进一步认为,政府应积极引入市场补偿机制,通过利益优惠政策引导企业、非政府组织和个人参与生态补偿,为生态补偿资金的筹集寻求更多渠道。但 Engelaetal(2005)、Kosov 和 Corbera(2010)指出,生态补偿不是万能钥匙,不能解决与环境有关的所有问题。因此,在实践时必须考虑保护环境的效果、成本效益,同时兼顾公平性原则,从生态方面、经济方面和政策设计等方面制定激励型的生态补偿机制(Jackaetal,2008;Garciaa,2010;Wunscher,2012)。如何建立合理的生态补偿机制,制定合理的生态补偿标准是主要方向和核心内容。Brouwer 等(2011)通过案例分析发现,服务提供者的选择、社区参与、量化目标的监督和中间"人"的数目使得项目参与期限和条件达成的环境目标效果显著。

(4)关于生态补偿效益评价的研究

Johst(2002)针对物种保护补偿费用的计算问题,专门设计了一套模拟程序用于生态经济的计算与评价;McCarthy 等(2003)重点研究了经济因素在爱尔兰私人造林中起到的作用,并且对农业激励政策与私人造林趋势之间的关系进行了量化分析。Levrel(2012)通过对美国各州生态补偿制度进行分析,总结了这些州的生态补偿成本,并通过评价模型的建立对各州的补偿效率进行了评价。Brady 等(2012)借助一种基于代理人的 Ariplis 模型对农民用地决策进行了模拟，并以此为基础对实现农业发展与生态保护之间的平衡进行了计算。Harold Levrel（2012）通过分析美国各州生态补偿制度，总结了各个州的补偿成本，并通过建立生态补偿执行评价模型对各个州的补偿效率进行了评价。Adhikari（2013）等对美国、英国、日本等西方发达国家的生态补偿案例进行了概述，对生态补偿实施效果的影响因素进行了总结，并从公平、参与、民生、可持续发展四个方面对各个案例的补偿效果进行了对比。Huber（2013）等基于 SPSS 软件对瑞士某山区的生态补偿效果进行了评价，并找到了提升生态效率的最佳路径。Crookes 等则采用系统动力学的方法对南非地区的生态修复能力进行了分析，并指出了其可能存在的风险。Duncan（2013）等研究了影响植被修复工程的因素，并运用 Bayes 模型对修复成本进行了计算。Harrison（2013）等则运用概念模型（Conceptual Model）构建了评估沼泽林保护绩效的监测程序。

1.2.1.2 关于农业生态补偿的研究

（1）发展现状分析

农业生态补偿是维护农业生态可持续发展与农民经济利益平衡的关键，对其的理论研究和实践探索对农业生态系统具有重要意义。国外对于生态补偿的研究始于农业生态补偿，不少国家采用立法、政策、制订计划等方式鼓励农户积极进行生态环境保护，惩处相关行为者的生态环境破坏行为，以推动区域农业生态环境的安全、持续发展。例如，美国在 1936 年通过农业保护计划（ACP），开启了农业生态补偿实践的探索，此后其相继推出保护与储备计划（CRP）、环境质量激励计划及《农业法案》（2014）等；欧盟于 20 世纪 60 年代推出"共同农业政策"，开启农业生态补偿模式，在欧盟共同农业政策下，德国、英国等积极采取行动以保护其农业生态环境。其他发达国家如日本等也采取了一些措施，如通过补偿支付等激励农业生态利益相关者保护环境。

（2）研究现状分析

国外对于农业生态补偿的研究主要是 PES 在农业领域的应用，研究的内容较为广泛，具体包括四个方面。

从制度设计和政策执行来看，Ozanne A.，Hogan T.，Colman D.（2001）

从理论上对农业环境政策中的道德风险、风险规避与合规性监测进行了探讨，并提出了相应的应对措施。Ryokichi Hirono（2007）分析了亚洲国家在生态环境政策方面的执行情况，认为生态补偿政策无法有效执行是由于受到当地经济状况、政治制度以及社会价值观念等的影响；Jan Börner（2007）认为政府在选择政策补偿目标时，应从补偿成本与经济效益两方面进行综合考虑；Boris T. Zanten（2014）通过对有关农业生态补偿政策和管理、景观结构和构成以及生态系统服务对区域竞争力贡献的文献分析，确定了基本的农业生态系统服务框架。Clive A. Potter（2014）认为相关农业生态环境保护工作者可以通过政府和市场协同运作的方式来确定农业生态补偿具体的补偿价格。

从农业生态补偿标准角度看，Vanslembrouck Ian Huylenbroeck G. 等（2002）认为在制定农业生态补偿标准时应考虑公众对生态服务的支付意愿（WTP），并且要与当地的农业自然环境和经济条件相适应（Moran D.、McVittie A. 等，2007）；Nyongesa J. M.、Bett H. K. 等（2016）指出农业生态补偿标准的确定还要考虑生产者的受偿意愿（WTA），以便建立起差别化的补偿策略与补偿方式（Von Haaren C.、Kempa D.，2012）。

从对农业生态补偿效应方面看，由于研究区域在社会经济、自然条件等方面存在差异性，不同学者得出的研究结论也不尽相同。Eloy L、Méral P. 等（2012），Arriagada R. A.、Ferraro P. J. 等（2012）对农业生态补偿的短期效应和长期效果进行对比分析，发现农业生态补偿的短期效应优于长期效果。Aradottir 等（2013）对政府生态补偿的原因进行了分析，并从理论角度对补偿政策能够取得的效应进行了预测，从而为农业生态补偿政策的优化提供了一定的参考。

从相关利益主体参与农业生态补偿的影响因素方面看，Ulber L.、Klimek S.（2011），Ma S.、Swinton S. M.（2012）重点分析了经济因素对利益主体参与补偿行为的影响；Zbinden S.、Lee D. R. 等（2005），Schroeder L. A.、Isselstein J. 等（2013）则特别探讨了区位因素、农场规模、种植制度等非经济因素对利益主体参与补偿积极性的影响。总体来看，要对相关影响因素从经济因素与非经济因素等方面进行综合考察，以便为农业生态补偿机制的构建提供强有力的支撑。

1.2.2　国内文献综述

1.2.2.1　国内农业生态补偿研究热点的演进

改革开放以来，我国采取的粗放型经济发展方式在使经济快速发展的同时，也使我国的农业生态环境遭受到了严重破坏，由此造成的农业生态环境失衡成为当前制约我国经济发展的一个重要瓶颈。与此相适应，农业生态补偿问题逐渐引起国内学术界与实务界的关注，但与国外相比较，我国农业生态补偿的研究起步较晚。

早在1990年，我国农业部环保能源司的蒋天中、李波等就对建立农业环境污染和生态破坏补偿法规进行了探讨，但未能引起各方关注。后来，随着国内退耕还林、退耕还草"大农业"生态补偿试点探索的开启，国内学术界关于农业生态补偿依据与必要性的研究开始增多。随着公众对农业资源生态效益认识的深化，农业生态补偿关注的焦点也开始由向污染者收费逐渐转向为生态保护者提供补偿。

2005年党的十六届五中全会公报首次提出"按照谁开发谁保护、谁受益谁补偿的原则，加快建立生态补偿机制"，在该要求指引下，生态补偿在全国范围内开始受到广泛关注，关于生态补偿机制等基础性理论的研究引起了学者们的极大兴趣。

2008年国家颁布《中共中央关于农村改革发展若干重大问题的决定》，明确提出"健全农业生态环境补偿制度，形成有利于保护耕地、水域、森林、草原、湿地等自然资源和农业物种资源的激励机制"的要求，加之其他相关政策文件的先后出台，农业生态补偿的研究领域开始向农业各大细分领域拓展，使得有关农业生态补偿的研究呈现出了"百花齐放、百鸟争鸣"的格局。

1.2.2.2　国内农业生态补偿研究的主要问题

通过对国内农业生态补偿研究热点演进的归纳总结发现，我国学者在农业生态补偿研究中所关注的主要研究议题集中在农业生态系统服务价值的评估、生态文明视角下农业生态补偿的方式与政策、生态建设与生态治理下的农业生态补偿机制以及农业生态补偿标准量化等方面。

(1)农业生态系统服务价值的评估

农业生态系统服务的复杂网络性导致农业生产过程中过度关注经济价值而常忽略生态服务，难以保障农业生态系统的良性循环。研究农业生态系统服务旨在指导和完善对农业生态系统的管理，确保农业生态系统的保护与可持续利用。

谢高地等(2006、2007)对农田生态系统服务价值进行了估算，重点分析和估算了农田生态系统服务价值中的保持土壤质量的服务价值，并参照国际标准，修正确定了中国生态系统服务价值的因子当量。刘向华(2008)在分析了生态价值评价方法与生态价值评价程序的基础上，结合实例对各种生态服务价值评价的过程和常用方法进行了应用研究。李亦秋(2009)利用3S技术及数理统计方法，对丹江口库区和上游生态系统服务价值进行了分析和估算。杨斌、陈源泉等(2010)以河南省获嘉县为例，从土壤物理、化学、微生物指标及作物生长指标构建评价体系对不同调控措施农田生态系统健康影响进行评价。杨怀宇、李晟等(2011)以上海市青浦区常规鱼类养殖为例，对当地生态系统的服务，用市场价值法评估食物供给、用有效成本法评估碳的固定与空气质量调节、以替代成本法评估气温调节、以旅行成本法评估娱乐休憩、以条件价值评估法评估文化服务。叶延琼、章家等(2011)分析了1996—2008年广东省农用地变化所引起的农业生态系统服务价值变化，并用相关性分析了农业生态系统服务价值变化与影响农用地变化的总人口、GDP、城市化水平、第一产业比重、社会固定资产投资总额5个社会经济驱动因子之间的关系。杨怀宇、杨正勇(2012)以上海地区的青虾养殖为例基于生态系统服务价值建立了系统动力学模型，并将生态系统服务分为正服务和负服务，分别建立方程计算总生态服务的净价值。石福习、宋长春等(2013)计算了农田生态系统服务的总价值，指出缩小粮食作物面积扩大经济作物规模也能推动农田生态系统服务总价值增加，但化肥和塑料薄膜的使用在提高农业生产力的同时也损害了农田生态系统价值。段颖琳(2015)对甲积峪小流域农业生态系统服务价值进行了评估，探讨了生态系统服务与小流域治理的关系，从而为从生态系统服务角度进行小流域综合治理提供了参考依据。杨文艳(2015)运用3S技术及生态系统服务价值理论和方法，测评都市农业生态系统服务价值，并建立实证模型预测未来几年西安都市农业生态系统服务价值的变化趋势。

农业生态系统服务价值关乎民众福祉，是当前生态文明建设和乡村生态振兴的重要内容，提升农业生态系统服务价值对于实现经济高质量发展和生态高质量保护具有重要的政策意义。宋欣(2016)在对郑州市城郊农业生态系统服务价值与城郊农业生态补偿系数测算的基础上，制定出郑州市城郊农业生态补偿额度的弹性区间并据此提出政策建议，以便为郑州市城郊农业生态补偿体系的确立提供参考。易武英、刘虹虹(2017)在参考谢高地等制定的中国不同省份农田生态系统生物量因子表及中国陆地生态系统单位面积生态服务价值当量表的基础上，结合平塘县的区域特征修正生态服务价值系数，对典型的喀斯特峰丛洼地农业生态系统生态服务价值进行了评估。刘向华(2018)以河南省为例，根据社会、经济和环境因素界定农业生态系统服务类型，然后筛选并改进服务价值评估方法，运用专家调研结合生态系统服务的复杂网络特性，定量分析了上述服务类型的权重，最终运用非线性总量方法测算河南省农业生态服务价值总量。欧阳芳、王丽娜(2019)分析了昆虫授粉功能量与服务价值量的评估方法，同时对我国各省农业生态系统中昆虫对重要作物的授粉功能量与服务价值量进行了测算。张俊、袁慧(2019)则采用动态当量因子法评价我国农业生态系统服务价值的时空变动，研究结果表明：2000—2016年，我国农业生态系统服务价值总量及人均农业生态系统服务价值呈现先上升后下降的趋势，人均农业生态系统服务价值占人均GDP的比重呈现先上升后下降的趋势。

(2)农业生态补偿法律制度层面的研究

农业生态补偿是为了保护农业生态环境和农业生态系统而建立的一种利益补偿机制，建立健全农业生态补偿法律制度有利于保护农业环境、促进社会公正、实现可持续发展等。但我国目前的农业生态补偿法制建设处在起步阶段，还存在很多问题。李长健、邵江婷等(2008、2009)基于农民权益保护视角、以建设环境友好型社会为契机研究我国的农业生态补偿法律制度，指出实现农业生态补偿权利的法制化路径；认为在我国农业生态补偿法律体系的制度设计中，应制定相关的农业生态补偿法律，发挥和农业生态补偿相关的重要法律法规的指导作用，充分保障社会中间层和农民的监督权利。王清军(2008)指出我国现行农业生态补偿在立法上存在空白、在实施中缺乏可操作性；认为农业生态补偿立法应在整体的生态补偿立法和新农村建设中予以完善。刘洁(2009)认为，加强农业生态环境补偿制度立法工作和执法力度，实现补偿标准差异化、补偿方式多样化、补偿主体明确化，提升补偿管理规范化和市场化水平是健全农业生态环境补偿法律制度的重点所在。邵江婷(2010)认为，通过构建基于农村社区发展的农业生态补偿具体法律制度及实践模式，能够促进农业生态环境的有效保护和社会利益分配公正。刘尊梅等(2011)认为，我国农业生态补偿政策缺乏完善的法律保障，应进一步加强农业生态补偿的立法建设，并从农业生态补偿的立法模式、立法进程及立法内容方面提出设计建议。为了增强我国资源环境保护法律体系的可操作性，张燕等(2011)、林红(2013)基于农业环境法视角，从完善农业生态补偿相关法律法规、构筑农业生态补偿法律制度的多重主体、明确农业生态补偿的具体操作细则三方面提出构建我国农业生态补偿法律制度的建议；龚鹏程、秦皎(2015)针对农业生态补偿在法律体系、补偿内容、监管机制等方面存在的问题，借鉴国外经验，结合我国各省市区域性的立法实践，提出相应的完善补偿法律制度的建议。

农业污染治理和农业生态补偿需要一定的法律机制保障，以实现农业、生态、经济的共同发展。张春玲(2014)、李瑜(2016)则从农产品质量安全角度，研究农业生态补偿法律制度，认为国家应当从多种主体联动机制构建、法规完善、标准优化等层面思考我国发展农业生态补偿制度的对策。林云飞(2016)针对我国农业生态补偿中的制度不健全、可操作性差、监管缺失等问题，认为应加强农业生态补偿立法、健全农业生态补偿监管制度、完善农业生态补偿经费投入制度，以促进农业生态环境保护，实现人与自然和谐共处。宋皓(2016)对中美两国农业生态补偿法律机制进行了比较，在借鉴美国经验的基础上，从农业生态补偿法律方面归纳出了农业生态补偿的根本路径，即以"司法为基准、政府为主导、市场为手段"，全面保障权利义务对等，进一步推动农业生态补偿的发展。王琳、刘广明(2017)以张承地区为例，分析京津冀农业生态补偿法律问题，指出京津冀三地必须加速农业生态补偿法制化进程，完善三地协同管理和监管机制，以促进京津冀的可持续性发展。卜晓颖(2019)认为，在绿色发展视野下，必须加快农业发展中的农业生态补偿法律法制建设，以便为实施绿色发展提供必要的法制保障，进而推动农村和农业走上绿色发展道路。

（3）农业生态补偿政策及其实施的研究

随着经济的发展和社会的进步，世界上越来越多的国家和地区在农业政策中加入了生态环境保护的目标，并制定了相应的农业生态补偿政策以推动生态改善、农民增收和优化资源配置。我国农业生产与生态环境保护之间的矛盾日益突出，也亟须建立一套行之有效的农业生态补偿政策体系，来激励农业生态服务供给、降低农业生产对生态环境的负外部性。

农业生态补偿政策的国际借鉴及构建方面：杨晓萌（2008）归纳总结了欧盟农业生态补偿政策中值得学习与借鉴的地方，并据此得出推动我国农业与环境和谐发展的启示；李平（2010）在对主要发达国家实施农业生态补偿政策及其取得成效分析的基础上，借鉴其成功经验对进一步完善我国农业生态环境补偿政策进行了研究与探索；张玉启、郑钦玉（2012）在分析三峡库区农业面源污染现状及其成因的基础上，提出从建立完善的政府支出型补偿、实行科学的税收改革型补偿、培育自助的基金型补偿、培养循环利用的自养型补偿、实施合理的区域间补偿等方面构建三峡库区农业面源污染控制的生态补偿政策；刘尊梅（2014）在阐述我国农业生态补偿政策现状的基础上，从政策制定、政策执行及政策支撑三方面对当前农业生态补偿政策存在的问题进行分析，并构建了我国农业生态补偿政策的理论框架，提出了我国农业生态补偿政策的运行路径；吴喜梅、杜立津（2014）针对欧盟农业生态补偿支付机制的政策基础，以及拍卖工具的应用进行了研究；焦美玲（2015）基于农户意愿分析农业生态补偿政策，认为江苏的农业生态补偿政策取得一定成效但仍存在不少问题，为此要统一规划，推行示范区试点，建立完善利益相关方广泛参与的运行机制，健全农业生态补偿方面的财税制度和相关法律法规；王有强、董红（2016）深入剖析德国的农业生态补偿政策出台的原因、具体内容以及实践的过程和结果，认为这对完善我国的农业生态补偿机制、保护农业生态环境、保障农产品质量安全、促进农业的可持续发展等具有十分重要的借鉴意义；王宾（2017）认为准确界定绿色农业生态补偿政策对于农业健康发展至关重要，其在论述绿色农业生态补偿政策相关理论的基础上，梳理了国内外有关绿色农业生态补偿政策的文献，指出了现有研究存在的不足并提出未来研究的趋势。

同时，从农业生态补偿政策的执行方面看，因为农业生态环境是农民赖以生产和发展的基础，农业生态环境的破坏势必会严重影响农业生产发展，因此农业生态补偿政策的执行、实施情况也引起了一些学者的重视。其中：孙思微（2011）基于层次分析法（AHP，即 Analytic Hierarchy Process）建立了农业生态补偿政策绩效评估机制的指标体系，并对农业生态补偿政策的落实及其实施效果进行了评价；黄小洋（2012）认为现阶段农业生态补偿政策执行方面相关配套保障制度体系不够完善，补偿标准、补偿范围不够明确，补偿方式较为单一；刘晓燕（2012）认为现阶段需要借鉴国外发达国家农业生态补偿政策的执行经验，大力发展农业生态资源优势产业和相关生态旅游产业等；吴昊等（2014）认为应严格农业生态补偿顶层框架设计，加大对农业生态补偿的宣传教育；吴乐、孔德帅（2017）基于河北省地下水超采综合治理试点地区的实地调研，对试点区域内农业生态补偿政策的节水效果进行评估，指出要根据各政策的节水效果及区域实际情况，推动政策实施的"精准化"以提高补偿政策的实施效果；王晓宝（2018）以河南省为例，对农业生态补偿政策实施后的农业生态生产效率进行了评析，并针对现行农业生态补偿政策实施中存在的问题提出如何提高政策实施绩效的建议；栾江、田晓晖等（2018）分析了农业生态补偿政策的执行机制，比较了农业生态补偿政策与其他农业生态保护政策的特点及适用领域，得出农业生态补偿政策在执行成本、政策可行性及收入分配公平性上具有显著比较优势的结论；谢帆（2020）针对黑龙江省农业生态补偿政策在执行过程中仍存在的问题，建议从提升政府执行能力、完善政策执行体系、推动监督主体多元化、优化政策执行环境来推动农业生态补偿政策的有效执行。

（4）农业生态补偿机制建立健全的研究

建立农业生态补偿机制是实现农业外部性内部化的关键，建立健全农业生态补偿机制是在稳农惠农的前提下保护农业生态环境的客观要求。在学术界，近年来一些学者从不同视角研究了农业生态补偿机制的建立健全问题，现归纳总结如下。

从宏观层面的整体性设计来看：王欧、宋洪远（2005）构建了完整的生态补偿机制分析框架，在对我国现行的生态补偿政策实践归纳总结的基础上，探讨了建立健全农业生态补偿机制的途径并提出相应的政策建议；况安轩（2009）认为，应通过税费改革、财政支持、管理体制创新以及培育农业可持续发展的内生机制等措施来构建农业生态补偿机制；金京淑（2011）认为，农业生态补偿机制构建目标应定位于实现农业可持续发展的战略目标，按照需要与现实相结合、政府取向和市场取向相结合、社会公平和公众广泛参与的基本原则，同时遵循效率、合理和可接受的标准来设计农业生态补偿机制框架；邓远建（2013）创造性地提出了"益贫式"的生态补偿概念，并据此创建了"益贫式"的农业生态补偿机制；李颖、葛颜祥等（2014）研究如何在我国建立粮食作物的生态补偿机制，并从补偿原则、补偿主体、补偿方式等方面对补偿机制进行了探讨，以期构建粮食作物的碳汇功能生态补偿机制，促进粮食种植业的可持续发展；段禄峰（2015）认为，我国的农业生态补偿机制仍处于起步阶段，其建议借鉴国外经验，探索中国理性、均衡的农业生态补偿机制；肖碧云（2017）则站在公共财政的视角，运用公共产品理论、外部性理论和财政分权理论等研究农业生态补偿机制，分析我国农业生态补偿体制存在的问题，并提出相关的完善对策与建议；居学海、薛颖昊等（2018）在分析我国农业补贴政策效能的基础上，借鉴发达国家经验，阐述了构建农业生态补偿机制的路径选择并提出加快构建农业生态补偿机制的政策建议；李晓乐（2019）深入分析了现阶段我国农业生态补偿政策中存在的主要问题，并围绕落实绿色发展理念、生态补偿标准设计、拓宽农业生态补偿筹资渠道等，提出进一步优化农业生态补偿机制的策略，以促进我国绿色生态农业的深入发展。

从典型区域的农业生态补偿机制的研究来看，一些学者结合区域社会经济、自然环境和资源禀赋等方面的特征进行农业生态补偿机制设计，取得了一定的成效，总体来看，这方面的研究侧重于实践探索。如陈源泉等（2006）在对农业生态补偿原理探讨的基础上，就黄土高原农业生态补偿机制的建立与完善提出了相应的建议；王宏宇、王丽君（2008）研究了磨盘山水源地保护区内的农业生态补偿机制；赵润、高尚宾等（2011）探讨了云南省洱海流域农业生态补偿机制；刘晓燕（2012）在对黔东南州建立和完善生态补偿机制的重要性和必然性进行论证的基础上，指出了农业生态补偿在实践中存在的问题并提出对策建议；吴昊、梁永红等（2014）分析了江苏探索建立农业生态补偿机制的过程及存在的问题，并从严格农业生态补偿顶层框架设计、建立农业生态补偿试验示范区、建立多元化农业生态补偿途径、构建农业生态补偿长效保障机制、强化农业生态补偿宣传教育方面提出政策建议；梁丹、金书秦（2015）发现在降低农业污染的实际工作中，要将补偿型和管制型政策有机结合，因地制宜地制定生态补偿机制，提高补偿效果；王学、李秀彬等（2016）探讨了华北地下水超采区冬小麦退耕的生态补偿问题，并对该区域如何完善农业生态补偿机制提出相应的对策建议。

（5）对农业生态补偿标准的研究

外部性的生态补偿量很难直接货币化，往往要从成本弥补的角度，既要考虑生态建设和保护的直接成本，又要考虑损失的发展机会成本和政策投入等（俞海，2006）。确定生态补偿标准的理论基础是生态系统服务功能价值理论、市场理论和半市场理论（李晓光，2009）；但在实务中，农业生态补偿标准很难确定，其制定过程缺乏技术支持和相关的科学依据（屈振辉，2011），不光政府对生态环境服务的价值难以衡量，同时生态环境补偿资金的标准也不好确定（刘秀红，2013）。生态补偿的理论标准是测算生态补偿的实际标准，以及选择生态补偿标准测算方法的重要依据（李国平，2013）。严立冬（2013）认为，农业生态补偿标准是农业生态补偿研究的难点和核心，主要解决"补偿多少"的问题，其补偿标准确定的恰当与否直接关系到农业生态补偿的实际效果，也将直接关系到农民是否愿意配合及配合的程度。刘尊梅（2014）认为，现阶段我国在农业生态补偿方面的措施不够合理，在措施制定过程中缺乏实地考察，同时在补偿标准制定过程中也并没有照顾到不同地区间存在的差异。基于此，国内一些学者从不同角度出发提出了不同的生态补偿标准，如以生态系统服务的价值作为补偿标准（杨丽韫，2010）、以成本和价值作为补偿标准（禹雪中，2011）；以生态需水保障作为农业生态补偿标准（庞爱萍、孙涛等，2012）等。

此外，王风、高尚宾（2011）综述了国内外生态补偿标准的研究进展与生态补偿标准核算的四个主要方面，并以洱海流域环境友好型肥料应用的田间试验为案例，核算出洱海流域稻田缓释 BB 肥料应用的最低农业生态补偿标准。付意成、高婷（2013）借助能值与价值之间的可转化性，给出基于农业可持续发展的生态补偿标准计算体系，并据此对永定河流域的农业生态补偿标准进行了测算以验证其适用性。邹昭晞、张强（2014）运用求解影子价格的成熟方法——线性规划方法构建基础分析模型，并运用其原理和方法进一步提出不同条件下的农业生态补偿标准及其相关问题的思路。施翠仙、郭先华等（2014）和蔡银莺、余亮亮（2014）利用条件价值评估法（CVM，即 Contingent Valuation Method）方法分别对洱海流域上游农业生态补偿标准、重点开发区域农田生态补偿的农户受偿额度进行了测算。朱子云、夏卫生等（2016）以湘潭市为例，利用机会成本法测算了农产品禁产区的农业生态补偿标准。随着绿色农业生态补偿的出现，王宾（2017）指出，绿色农业生态补偿标准应考虑地区社会经济的可承受能力与区域差异性，以生态补偿理论为依据确定补偿标准的区间，并在综合满足各利益主体要求的基础上，核定出最佳补偿标准。梁流涛、祝孔超（2019）则站在虚拟耕地流动的视角，构建区际农业生态补偿框架，并在此框架下研究区际农业生态补偿支付/受偿区域的划分和补偿标准的测算。牛志伟、邹昭晞（2019）吸取并借鉴国外关于生态补偿标准研究的合理内涵，基于生态系统与生态价值的一致性构建新的补偿标准模型，以丰富农业生态补偿标准研究的理论与方法体系。

1.2.3 国内外农业生态补偿研究简评

伴随着生态文明建设和农业转型升级的发展机遇，国内外有关农业生态补偿政策的研究呈现逐年增长的趋势，这也成为近年来农业领域研究的热点问题之一。

1.2.3.1 国外研究简评

国外发达国家关于农业生态补偿的研究起步较早、成果很多，目前已形成了较为成熟完整的农业生态补偿框架体系。其学者广泛采用多学科交叉分析的方法，尤其是经济学和统计分析相结合的方法，既研究了农业生态补偿的宏观领域，不断推进其农业补偿政策、农业补偿机制等的建立健全与有效实施，又能熟练利用经济学、管理学、法学、统计学等方法进行微观领域的具体补偿问题如补偿标准确定、补偿效益评价等的研究，从而使得其研究成果厚重而细致。目前，国外在农业补偿政策方面的研究比较深入，且其研究更注重政策执行中的实践效果分析；在实践中，国外大多数国家的农业生态补偿是由政府通过公共财政转移支付的途径来引导实施，同时政府会充分利用经济激励的竞争手段和市场手段来促进农业生态补偿效益的提高。

1.2.3.2 国内研究简评

在我国，自 2005 年之后，国内有关农业生态补偿机制、补偿政策的法制化建设以及补偿标准的研究等逐渐增多，各地方在具体实践中也对此进行了不少的探索和尝试，这些都有力地推动了我国农业生态补偿法律制度、补偿机制政策等的建立健全，有力地推动了国内农业生态补偿的试点。但与国外相比较，我国对农业生态补偿问题的研究还存在不足。一是研究层次比较浅，研究对象单一。现有研究多集中在单个问题的理论研究与对策探讨，农业生态补偿政策还未形成一个科学的体系，在政策措施的制定中缺乏普适性和可操作性。为更加全面论述我国农业生态补偿政策，应在充分考虑区域经济因素、地质地貌因素、民族因素等的基础上，进行实地调研，通过案例剖析，解释现实农业生态补偿存在的共性问题，找寻完善农业生态补偿政策的对策建议，提出更加具有针对性的对策建议。此外，现有文献很少有利用规范的、系统的计量模型对绿色农业生态补偿政策加以量化分析，这样使得现有研究缺乏必要的支撑，研究层面的系统性和研究视角的多样性等方面受到了限制，如何选取恰当的数量化模型衡量农业生态补偿和绿色农业转型问题将值得进一步关注。二是研究角度比较单一。目前国内从环境经济学、法学角度研究农业生态补偿的文献较多，但从经济学、管理学等综合视角进行研究的相对少一些，对于农业生态补偿政策具体执行过程中遇到的问题，特别是补偿效益的评价还需深入探析。

1.3 研究内容与研究方法

本研究在文献综述与理论分析的基础上，结合时代特征，通过概念辨析的方式进一步明确绿色发展的内涵；同时采用规范研究与实证研究相结合的方法，立足于江苏省的区域实情，在对其绿色发展评价的基础上进一步探析绿色发展路径选择的问题。

1.3.1 研究内容

我国农业生产经过几十年的发展取得了举世瞩目的成绩，但是对资源的过分依赖导致农业生态环境破坏现象日趋严重。农业生态补偿是维护农业生态可持续发展与农民经济利益平衡的关键，对其进行理论研究和实践探索具有重要的意义。

1.3.1.1 研究的主要内容

（1）理论基础与核心概念

在新时代新诉求下，以生态学相关理论、经济学相关理论、社会学相关理论、生态经济学相关理论为基础，在对农业生态系统与农业生态系统服务、生态补偿与农业生态补偿等概念辨析、理解的基础上，科学界定农业生态补偿的概念。

（2）我国的农产品主产区及其农业生态补偿实践

在理论分析与核心概念理解的基础上，围绕全国主体功能区规划有关农产品主产区的规定与发展重点，探讨我国农业生态补偿制度的建立健全历程，分析我国农业生态补偿的实践现状、取得的成效以及当前所面临的困境。

（3）国外农业生态补偿的做法与经验启示

在对美国农业生态补偿主要做法、欧盟及其主要成员国农业生态补偿主要做法、日本农业生态补偿主要做法以及发展中国家农业生态补偿主要做法归纳总结的基础上，结合当前我国农业生态补偿面临的困境，分别从农业生态补偿的政策制定、政策执行、政策支撑三个方面分析国外做法与成功经验给我国带来的启示。

（4）黄淮平原农产品主产区及其农业生态补偿现状

阐释黄淮平原农产品主产区的总体概况，针对黄淮平原农产品主产区涉及的江苏区域、安徽区域、山东区域、河南区域的具体农产品主产区及其农业生态补偿现状分别进行定性与定量分析，以及整体补偿现状的评价。

（5）黄淮平原农产品主产区农业生态补偿政策存在的问题及解决对策

分析黄淮平原农产品主产区农业生态补偿政策存在的问题与成因，确定黄淮平原农产品主产区农业生态补偿的主要原则，构建新形势下农业生态补偿政策体系的新思路，就农业生态补偿政策在制定、执行、支撑方面存在的问题进行破解。

(6)黄淮平原农产品主产区江苏区域农业生态补偿助推新型农业发展分析

基于农村社区视角调查分析苏北农业生态补偿的情况；剖析苏北循环农业生态补偿是如何有效助推生态循环农业发展的；基于技术锁定与替代视角对苏北循环农业生态补偿效益进行实证研究；结合未来农业绿色发展的方向，对农业生态补偿助推宿迁绿色农业发展进行探讨。

1.3.1.2 拟采取的研究思路

首先，在归纳总结国内外相关研究动态的基础上，以生态学相关理论、经济学相关理论、社会学相关理论、生态经济学相关理论为基础，结合相关概念辨析与时代特点，深刻阐释农业生态补偿的内涵，正确认识其在维护农业生态可持续发展与农民经济利益平衡方面的时代价值。

其次，为了分析黄淮平原农产品主产区农业生态补偿的现状与补偿政策方面存在的问题并有效破解，先是分析了我国农业生态补偿的实践现状、取得的成效以及当前所面临的困境，并以此为基础，分别从农业生态补偿的政策制订、政策执行、政策支撑三个方面归纳总结国外农业生态补偿的主要做法与成功经验带给我国的启示，以便为随后针对黄淮平原农产品主产区农业生态补偿的深入分析做好铺垫。

随后，针对黄淮平原农产品主产区涉及的四个区域，即江苏区域、安徽区域、山东区域、河南区域，采取定性与定量分析相结合的方法剖析其农产品主产区及其农业生态补偿现状，并基于此从整体上评价黄淮平原农产品主产区的农业生态补偿现状，以便为接下来黄淮平原农产品主产区农业生态补偿政策的深入分析奠定基础。

接下来，分析黄淮平原农产品主产区农业生态补偿在政策制定、政策执行、政策支撑方面存在的问题与成因，结合区域特点确定其农业生态补偿的主要原则；在此基础上探析新形势下构建农业生态补偿政策体系的新思路，并就黄淮平原农产品主产区农业生态补偿的政策制定、政策执行、政策支撑方面的问题给出破解对策与建议。

最后，具体到黄淮平原农产品主产区江苏区域即苏北平原地区，基于农村社区调查分析苏北农业生态补偿的情况；针对苏北循环农业生态补偿助推生态循环农业发展问题进行剖析；基于解释结构模型法（ISM，即Interpretative Structral Modelling Method）法构建评价指标集，利用AHP法构建评价模型对苏北循环农业生态补偿效益进行评价；在此基础上，对农业生态补偿助推宿迁绿色农业发展的问题进行研究，以顺应未来农业绿色化的发展。

1.3.2 研究方法

1.3.2.1 主要研究方法

一是以文献研究、理论分析为先导，在新时代下思辨并归纳演绎农业生态补偿的内涵及其时代特征。

二是采用调查研究、访谈以及文献研究法对我国农产品主产区及其农业生态补偿实践、黄淮平原农产品主产区及其农业生态补偿现状以及基于农村社区的苏北农业生态补偿情况进行资料与数据收集，并开展相关的定性与定量分析。

三是采用文献研究法、比较分析法等对国内外农业生态补偿的理论研究与实践探索进行归纳总结，以总结出国外好的做法与成功经验带给我国的启示，以方便国内农业生态补偿制度建设与实践推进中有针对性地进行借鉴与学习。

四是将定性分析与定量分析相结合，剖析黄淮平原农产品主产区及其农业生态补偿现状，分析其农业生态补偿政策在制定、执行、支撑方面存在的问题与成因，并据此就如何破解这些问题进行了对策研究。

五是基于ISM法构建评价指标集，利用AHP法构建评价模型以对苏北循环农业生态补偿效益评价进行实证研究；在此基础上，以宿迁作为案例区域，对农业生态补偿助推宿迁绿色农业发展问题进行案例研究与对策研究。

1.3.2.2 采用的技术路线

按照研究思路、主要研究内容绘制技术路线图如图1-1所示。

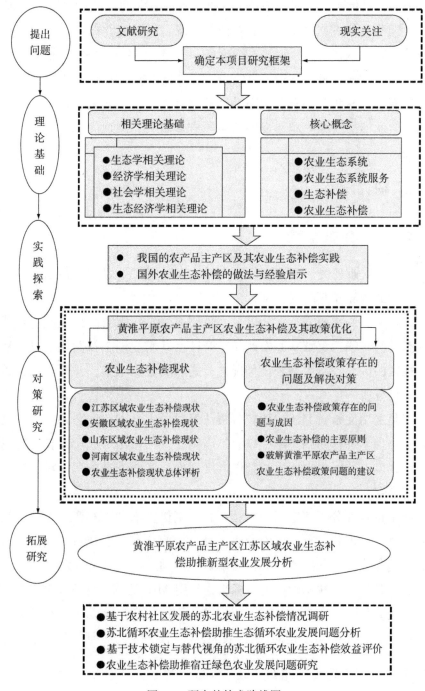

图 1-1　研究的技术路线图

1.4　研究的可行性与创新性

1.4.1　研究的可行性

1.4.1.1　具有相关研究的理论基础

国外对农业生态补偿的相关研究起步较早、涉及范围较广，其中生态学相关理论、经济学相关理论、社会学相关理论、生态经济学相关理论为这些研究提供了重要的理论支撑。我国有关农业生态补偿的研究起步较晚，国内学者的研究视角、研究方法、关注领域不尽相同，但其研究成果丰富了我国农业生态补偿的思想，筑起了我国农业生态补偿的基本理论，为国内农业生态补偿观的构建奠定了坚实基础。

1.4.1.2　具有较好的研究工作基础

笔者长期从事生态补偿、循环农业发展、绿色农业发展等相关研究工作，具备相应的研究基础与计算机建模、数据爬虫、文本挖掘等技术能力。目前在生态经济、农业生态补偿、绿色发展等方面的理论基础扎实，掌握了计算机主体建模、统计软件应用方面的技能，相关研究论文多篇发表在《统计与决策》（CSSCI）、《生态经济》（CSSCI 扩展版）、《重庆社会科学》（CSSCI 扩展版）、《社会科学家》（CSSCI 扩展版）等期刊上，能够保证本书的质量。

1.4.1.3　研究思路、研究方法可行

本课题在分析农业生态补偿理论基础与核心概念的基础上，先是分析了我国农产品主产区及其农业生态补偿实践，并在对国外农业生态补偿好的做法与经验归纳总结的基础上，探讨了国外经验带给我国农业生态补偿政策的启示；接下来，深入分析了黄淮平原农产品主产区及其农业生态补偿现状以及其农业生态补偿政策存在的问题与破解对策；最后，针对黄淮平原农产品主产区江苏区域农业生态补偿助推新型农业发展进行了拓展研究。总体来看，著作的研究内容逐步递进、逐步深入，逻辑关系自洽，研

究思路很清晰。同时，根据研究内容的需要，有针对性地采用了文献研究、归纳演绎、调查研究、访谈、比较分析法、定性分析与定量分析相结合、实证研究、案例研究与对策研究等方法，这些研究方法与相应研究内容的适用性与匹配性很强。

1.4.1.4 关键技术的实现可行

对本项目的关键技术，即基于 ISM 法构建评价指标集、利用 AHP 法构建评价模型对苏北循环农业生态补偿效益进行评价等工作中，笔者都有一定的研究经验并取得了一些相应的研究成果，从而为黄淮平原农产品主产区江苏区域农业生态补偿助推新型农业发展的拓展性研究提供了主要的技术支撑，这在关键技术实现方面具有可行性。同时，笔者长期与地方政府的相关政府职能部门如农业农村部门、财政部门、统计部门等保持业务上的联系，这为相关研究数据的获取提供了重要保障。

1.4.2 研究的创新点

1.4.2.1 研究对象与研究内容有新意

当前国内对生态补偿的研究大多集中在森林、流域、土地等方面，有关农业生态补偿特别是关于农产品主产区的农业生态补偿研究较少。本书根据《全国主体功能区规划》中构建的农业战略格局以及国家层面所确定的农产品主产区发展重点，以黄淮平原农产品主产区作为研究区域，通过对国外关于农业生态补偿理论和实践经验的剖析与归纳总结，取长补短，探索优化国内农业生态补偿政策的思路；在此基础上，通过大样本数据对黄淮平原农产品主产区的四大区域及其农业补偿的现状与成因进行了分析，并针对黄淮平原农产品主产区农业生态补偿政策在制定、执行、保障方面存在的主要问题，根据国外实践启示，结合黄淮平原农产品主产区的区域详情，有针对性地提出破解对策，从而体现出了研究对象的独特性与研究内容的深入性，为完善黄淮平原农产品主产区农业生态补偿政策体系提供了有价值的参考。

1.4.2.2　研究方法适用性与针对性强

当前关于农业生态补偿的研究较多倾向于农业生态补偿的定性研究，而较少关注农业生态补偿政策实施效果的定量分析。本书在对黄淮平原农产品主产区江苏区域农业生态补偿助推新型农业发展进行拓展研究时，主要侧重于定量分析。一是针对基于农村社区发展的苏北农业生态补偿情况进行了调研分析；二是针对苏北循环农业生态补偿助推生态循环农业发展问题进行了定性与定量相结合的分析；三是基于技术锁定与替代视角对苏北循环农业生态补偿效益进行评价时，按照"获取备择指标确定区域通用指标，增加区域特色指标组建评价指标集"的思路确定农业生态补偿效益评价指标集，根据解释结构模型法即 ISM 的基本原理对指标集中的这些因素指标进行结构化处理，构建农业生态补偿效益评价的解释结构模型，并利用层次分析法即 AHP 法对苏北农产品主产区的农业生态补偿效益进行实证研究；四是针对农业生态补偿助推宿迁绿色农业发展问题进行了案例研究，从而使得研究方法的选用与研究内容相匹配，也使得研究结论更加严谨、更具说服力。

第二章 理论基础与核心概念

生态补偿制度被视为生态文明制度建设的重要内容，而我国农业生态补偿刚刚起步，因而有必要对农业生态补偿的相关理论与实践模式进行梳理，以期为我国农业生态补偿制度化提供借鉴。

2.1 理论基础

2.1.1 生态学相关理论

2.1.1.1 生态位理论

生态学的概念由德国动物学家恩斯特·赫克尔在 1866 年首次提出，随着工业化进程的加快和社会发展的不断进步，生态学的研究领域开始向社会学领域拓展。生态位(ecologicalniche)即生态龛，该概念由 Grinnel 在 1917 年最早使用，他强调生态位的空间概念，认为生态位是"每个物种由自身结构和功能上的限制被约束在其内的最后分布单位"。随后，多位学者对该概念的内涵进行了阐释。其中，Whittake(1975)认为，生态位是指每个物种在群落中的时间、空间位置及其机能关系，或者说群落内一个物种与其他物种的相对位置。这个定义一方面考虑到了生态位的时空结构和功能关联，另一方面也包含了生态位的相对性，是目前被认为比较科学而广为接受的一种生态位概念。也就是说，每个生物组织层次在生态系统中都有其位置和功能，生态位既涉及生物与其所处生存环境间的相互关系，也包括了生物所在的物种群落中各生物之间的关系。

基于生态位概念的理解，有关生态位的相关理论如生态位重叠理论、生态演替螺旋式上升理论等相继出现，其对农产品主产区农业生态补偿问题的分析有着重要的指导意义。因为农业生态系统介于自然生态系统与人工生态系统之间，是一个人类调控下的自然—社会—经济组合而成的复合生态系统。在研究农业生态补偿问题时，要注意协调处理好农业生态系统中的农业自然资源、农业环境和农业人口之间的关系问题，以形成相对平衡的农业生态系统服务，从而为人类提供农产品及其他相关的生命支撑；而人类作为农业生态系统中的一类特殊生物，其对农业生态系统的服务形成和功能发挥也会产生重要影响，农业环境中的各类生物种群及其构成的群落也同样会对农业生态系统服务形成和功能的发挥产生一定影响。

2.1.1.2　生态系统服务理论

随着对生态学理论应用范围的不断拓展，生态系统能够为人类提供福利，为自然生物提供生态支撑逐渐成为共识。生态系统服务理论最早起源于自然资本理论、环境资本理论。1974 年，Holdern 和 Ehrlich 提出了生态系统服务的概念；随着市场经济的发展，更多的学者主张生态系统服务应包括产品，其中 Costanza 就把产品与服务统称为生态系统服务。但生态系统服务具有典型的外部性，其价值很难通过市场来衡量，为此不少生态学家和经济学家做了大量研究以使生态系统服务的价值能够得到市场化衡量，其中英国著名的经济学家 D Pearce 在 1994 年出版的著作中，就将环境资源的价值划分为两部分，即使用价值和非使用价值。Costanza 等学者在 1997 年又进一步提出了生态系统服务的评估方法，认为人类直接或间接从生态系统中得到的所有收益都可以称之为生态系统服务。近年来，以 Daliy 主编的《生态系统服务：人类社会对自然生态系统的依赖性》一书的出版为标志，一个研究生态系统服务的热潮正在兴起。总体来看，生态系统服务是生态系统和生态过程所形成的及所维持的人类赖以生存的自然环境与效用，这是人类生活生产的基本保障。但传统的价值理论认为只有人类劳动才能产生价值，对于没有凝聚人类劳动的环境与自然资源无须付费使用，这种观念导致了大量环境资源被过度利用甚至被破坏并产生大量的后期治理成本。生态系统服务理论的提出为连接人类、生态系统及人类福祉提供了基本依据，该理论要求承认生态环境有价值，实行自然资源有偿使用，并对环境系统进行补偿与付费。

具体到农业生态系统服务，其具有的三大服务价值即经济价值、社会价值和生态价值是研究农业生态补偿的基础与前提。经济价值与社会价值可通过市场交易实现，但生态价值往往是无形的，需要在生态补偿的条件下才能完成资本化的转变。目前，生态系统服务理论的研究在很大程度上推动了生态系统经济核算的发展与实践，这有利于较为合理地确定农业生态补偿的标准和补偿对象，有益于农业生态补偿活动的开展与农业生态系统的管理。从这个意义上来讲，农业生态系统服务是实现农业生态补偿的重要依据，只有明确农业生态系统的服务价值，才有可能不断协调人类生活与自然环境之间的关系，才能更好地解决农业生态环境问题；也只有这样，农业发展才能更加顺利地实现绿色转型，才能更好地为人类与自然的和谐发展提供保障。

2.1.2 经济学相关理论

2.1.2.1 外部性理论

外部性是由马歇尔和庇古在 20 世纪初提出的经济学概念，"庇古税""科斯定理"等为外部性理论奠定了基础。外部性理论是指市场主体做出的决策或行动给其他市场主体带来的非市场化难以衡量的损益情况，如果这种影响是不利的就是"负外部性"（外部不经济性），如果这种影响是有利的则称为"正外部性"（外部经济性）。换句话说，外部性包括正外部性和负外部性两种，正外部性是指某经济行为主体的活动使他人或社会受益，而受益者无须花费代价；负外部性是指某经济行为主体的活动使他人或社会受损，而造成负外部性的主体却没有为此支付成本。农业生态系统具有典型的外部性特征，外部性是引起农业生态环境问题的一个重要原因。一方面，农业生态系统的基本服务功能就是提供农业资源，其存储的碳、水、氧等自然资源能够为人类的生存与发展提供基本保障，这属于农业生态系统的"正外部性"；另一方面，在经济社会发展过程中，一些主体的行为可能会破坏农业生态系统使得农业资源难以维持，如工业企业的"三废"排放通过物质与能量的交换、循环等对农业生态环境产生影响，而农户等群体就得为这种负面影响买单，这对他们而言就是"负外部性"。"负外部性"的存在使得农业生态环境的破坏者和使用者在生产消费的过程中没有考虑环境成本，进而导致农业生态环境供需失衡，农业资源难以得到最优化配置，造成农业生态系统的服务难以正常供给，农业生态效益难以保障。因此，有必要采取农业生态补偿等措施促使农业生态环境的外部成本内部化。

在我国，农业用地为集体所有制，农户只具有土地的使用权。当农业生态系统出现外部不经济时，国家或农村集体就需要采取措施对农业活动进行宏观调控，这是因为外部不经济性主要是由于市场机制不完善导致资源配置不合理引起的，在此市场失灵的情况下需要政府采取相应的行政手段进行干预，矫正市场失灵的情况；而明晰产权制度往往能够通过市场交易优化资源配置，在一定程度上使外部经济内部化，降低社会成本。同时，在农户对农业土地拥有使用权的情况下，通过制度或政策设计有效激励或约束农户，使其从自身做起保护农业生态环境，促使农业生态系统服务价值最大化意义重大。从农业生态产业链循环的角度来看，农业生态补偿的本质就是要解决农业生态系统的外部性问题。只有对农业生态系统进行补偿，才能激励更多的群体参与农业生态系统外部性的矫正工作，实现农业生态产业链的良性循环。目前，外部性理论在我国农业生态保护领域已得到一定应用，如排污收费制度、生态公益林补助等。总体来看，农业生态补偿制度建设正是借鉴庇古税理论，通过政府行为对外部不经济性征税和对外部经济性补贴的方式将外部效应内部化；同时依据科斯理论，在产权界定的基础上追求交易费用最小化，将市场主体纳入生态补偿中，从而形成农业生态补偿的两种基本方式，即政府补偿和市场补偿。

2.1.2.2 公共产品理论

公共产品理论是新政治经济学的基本理论之一，该理论雏形于 19 世纪末期产生。到了 1954 年，萨缪尔森(Samuelson)在其发表的《公共支出的纯理论》(*The Pure Theory of Public Expenditure*)一文中对公共产品进行了定义，他认为纯粹的公共产品是指每个人消费这种产品不会导致别人对该产品消费减少的一种产品。公共产品理论后来经过各国学者的不断实践开始趋向成熟，与私人产品相比较，现在普遍的观点是认为公共产品具有非竞争性与非排他性两大基本属性，也正是因为这两大基本属性，很可能会导致公共产品被过度使用，最终使全体成员利益受损。现实中，农业生态系统受益人中的各方往往都倾向于追求自身利益最大化，这容易导致农业资源的过度使用与无序开发，导致整个农业生态系统平衡被打破。农业生态环境的公共产品属性决定了其很可能面临供给不足，效率低下等问题。在农业生态补偿研究中，明确农业生态环境的公共物品属性，能够帮助明晰农业生态补偿的执行主体，在不同农业生态补偿类型下确定其义务、权利和责任；从而在不同层次确定农业生态补偿的途径，激励农业生态补偿主体即生态系统公共物品的供给方，同时对公共物品的享用者界定是否享用过量或者享用不平衡的差距，以达到农业生态环境保护、净化，进一步实现农业生态系统和经济社会的平衡的目的。

在我国，由于与生态环境密切相关的绝大多数农业资源在当前很难做到产权清晰，同时农业生态系统产品的非排他性在消费中可能引发"搭便车"心理，而其非竞争性又使得人们可能会对这种低成本公共资源进行过度消费，导致供给不足；当这种供给与消耗不对等超出一定限度时，就会产生消耗拥挤，进而引发"公地悲剧"。为此，需要采取措施来保障农业生态环境不被破坏和农业生态系统服务价值的正常供给，这最终都会体现出农业生态收益的非排他性、农业消费的非竞争性以及不可分割性，其改善会使全社会受益，都具备了公共物品的属性。因此，对农业生态系统这一公共物品进行生态补偿能够有效缓解这一问题，最终才有可能使农业生态系统的各项服务价值得到有效发挥。

2.1.2.3 机会成本理论

机会成本这个词是由奥地利学派早期的经济学家弗里德里希·冯·维塞尔（Friedrichvon Wieser）在他 1914 年用德文出版的著作《自然价值》中提出来的，主要应用于经济学领域，是指某一资源因用作某些用途而放弃的用作其他用途时所可能获得的最大收益。现在机会成本理论在管理学、资源环境等方面也有广泛的应用。从决策者的角度来看，机会成本就是因为选择最优方案而放弃的次优方案的价值。当然，这里的最优方案只是从选择者或决策者的心理预期来看的，其并不一定是实际发生的最优。理论上，机会成本包括显性成本和隐性成本，尽管其从来都没有真正发生，但在选择某一方案、方向或做出某一决定时，决策者通常都会考虑这一重要因素。具体到农业领域，农业用地的选择、农业生产方式的选择、农民农业职业的选择等都会产生机会成本。具体来讲，当农业用地用于农业种植活动时就会失去成为非农业用地的机会，当农业用地被种植基本农产物时就会失去种植农业经济作物的机会，当农民选择在家务农时就会失去其他就业方式的机会，而这些失去的机会如果当初没弃舍的话是能带来经济收益的，所以这些因为抉择而放弃的潜在经济收益就成了农业生产活动中存在的机会成本。

近年来，随着城镇化建设的不断加快与现有城市板块的迅猛扩张，原有的部分农业用地可能会被征收作为建设用地等非农用途，这会使得农业耕地资源减少，甚至会在一定程度上恶化农业生态环境，这些不良的后果也正是城镇化、城市化发展需要付出的机会成本。机会成本的存在促使决策者要将农业生态环境与资源补偿的具体行为引入社会关系的内部，使损害农业生态环境者和农业生态受益者补偿农业生态建设者和为农业生态建设放弃其他发展机会而有一定损失的主体。首先，要对农户放弃其他收益进行农业活动所付出的机会成本进行补偿；其次，要对农业用地被改作他用付出的机会成本进行补偿；最后，要综合生态服务价值的测算，据此确定科学合理的补偿标准，尽可能地缩小机会成本，进而推动农业生态补偿从人对自然的补偿转化为人对人的补偿，这样才有可能使农业活动长期可持续性发展，并与城镇化、城市化的进程相匹配、相协调。

2.1.3　社会学相关理论

2.1.3.1　公共选择理论

公共选择，又称为政府选择，是通过政府意识和集体决策来分配公共物品的需要。公共选择同时是利用非市场化的方式对各类资源进行配置，也是把个人选择转化为公共选择的过程，公共物品的非排他性等特征构成了公共选择存在的依据。由于市场机制只能提供甚至只能提供少量的公共物品，而且公共物品在被消费的过程中也会存在"搭便车者"的情况。众所周知，粮食生产、增加生物多样性、保持水土、固碳释氧等农业生态资源对于人类的生产与发展至关重要，但我国目前的绝大多数农业资源产权都不尽清晰，不可能完全通过市场机制调节达到"帕累托最优"。在进行农业生产与农业成果消费时，各相关群体又存在较为明显的"搭便车"现象，都试图以较低的耗费或成本来享用这些公共资源更大的效益。如农业资源成果其实只有少部分是用于生产者本身消耗的，更多的资源如氧气、水土等都是被系统外的其他成员所使用，但这些资源很难通过市场交换或经济指标来衡量，使得农业资源的生产者无法享受这方面的收益，降低了他们生产的积极性，这就需要通过一定的政府干预来完善农业生态系统这个公共产品的生产与保护工作。同时，公共选择作为政府意志的表现，会面临众多现实问题，如农村人口和农业从业人员的流失等会造成农业生态保护效果、补偿效果难以保障，农业生态补偿政策作为公共选择的集体意志，在实施过程中因为各种原因可能会造成补偿效果和政策初衷产生偏差。所以要根据经济社会发展的现状不断调整政策规定，如根据当下经济收入变化来变更补偿标准以保障农业从业者的利益，以便与其之间形成一个动态平衡。当然，农业生态补偿涉及范围较广，单纯依靠政府干预不能解决所有问题，所以引入市场机制也是大势所趋。在农业生态补偿实践中，要通过政府与市场职能的互补，更好地保证农业生态补偿功效的发挥。

2.1.3.2 社会公平理论

马克思、恩格斯指出，平等和法律待遇机会的平等是其涉及的范围，正义的确定是通过法律对权利义务的分配，保障正义的手段是惩罚犯罪，恢复正义的手段是补偿损害。《环境法》普遍认同公平理念，代内公平和代际公平都是组成公平理念的一部分。每个公民对农业自然资源、农业生产环境的使用权都是平等的，其他公民的农业自然资源、农业生产环境使用权不能受到别的使用者的损害，后代子孙的农业自然资源、农业生产环境使用权同样不可以受到损害。同时，行为经济学对"经济人"的假说提出质疑，他们认为这些前提会被社会公平、利他主义所影响；现实中的社会人并非都是利己主义至上，社会人在关注个人利益同时，同样也会关心他人的利益，关注社会资源和社会利益分配是否公平合理。

为了实现对农业自然资源与农业环境的社会公平，我国通过"委托—

代理"制激励对其的保护与合理利用。其中，中央政府是农业自然资源与农业环境的委托人，其把激励保护任务分级委托给下面的地方政府；但农业自然资源特别是其中的土地作为一种特殊资源，使得各级政府面临巨大的收益诱惑，此时委托人需要解决其与代理人之间的信息不对称问题，并针对代理人采取一定的奖惩措施，以督促其选择合理行为以确保激励机制的有效实行。为此，欧美等不少发达国家针对农业生态补偿问题，采取了含有宏观政策规制和基于自主市场经济两方面的举措，在实践中取得了不错的成效，这也表明通过激励机制来实现农业生态补偿的公平正义是必不可少的。

2.1.3.3　权利义务一致理论

国家为了推进农业的发展、平衡农民和其他群体间的利益关系，需要将其给予农业一定补偿的价值取向变为国家和法的价值取向，从而将农业生态补偿的正当利益以权利的形式确定下来。在农业生态补偿中，农业由于其在生态环境保护中的特殊地位，应当得到相应的利益补偿，运用权力的形式将这种正当利益赋予农民。只有转化成法定的权利，这种补偿权利才有最终实现的可能，现实中，那些保护农业生态环境的地区和个人经济发展利益受到损害，但生态和谐发展所带来的利益却被整个社会所享用。具体而言，生态保护者承担了保护生态环境、维持生态平衡的义务，却被剥夺了其生存和发展的权利；生态破坏者从其生产活动行为中获得利益却没有承担损害环境所应当承担的责任，就违背了权利义务对等性的法理学原理，不利于主体利益的协调和生态环境的改善。

农业生态效益外溢的现象从本质上来看就是权利义务不对等，即农业生态环境保护人承担了过多的生态保护的责任，而社会却没有赋予其相应的权利。这些就导致了农业环境保护者的积极性受到挫伤，从而引起农业生态环境保护的失败。农业生态补偿正是农业环境权的充分体现，也是农业环境权的一种实现形式，以使人类维持生存发展的应有权利现实化，这顺应了社会发展的规律。建立农业生态环境补偿制度，可以通过赋予农业生态保护主体受偿权并要求生态损害者承担一定的法律义务，以实现平衡农业生态保护者和农业生态受益者、农业生态破坏者之间权利义务关系的目的。为此，有必要通过法律形式将农业生态补偿制度确立下来，来保障相应主体所应获得的权利，保证社会权利义务的对等，从而实现农业生态环境的可持续性发展。

2.1.4 生态经济学相关理论

2.1.4.1 生态系统服务的评估理论

生态学理论在于阐述生物与环境之间的关系，目标也在于维护这种关系，使生态系统服务得到持续的发挥。经济学理论是关于自然配置的学科，目标在于获得最大的经济效益。两者经常顾此失彼。于是应用生态学思维对经济学进行改造的呼声此起彼伏，生态经济学应运而生，其中对生态系统服务的认知和评估就是生态经济学的核心内容。自 20 世纪 80 年代以来，美国、中国、加拿大、日本、瑞典、挪威、法国、德国等多个国家的政府、国际组织等，先后对自然资源核算理论、核算方法以及实施方案进行了研究和探索。但由于各国国情不同，国际上一直没有一个相对统一的生态系统服务价值核算理论与核算方法。1997 年，Costanza 等人发表了《世界生态系统服务与自然资本的价值》，对全球生态系统的服务功能分 17 种进行赋值计算，这是对全球生态资本的经济价值进行的首次确认和评估，其研究成果让世人意识到生态资本的经济价值巨大；同时，Westman 在 1997 年提出了"自然的服务"的概念以及其价值评估问题；而 Daily 主编的《自然的服务社会对自然生态系统的依赖》的出版打开了生态系统服务功能价值研究的新局面。1992 年，加拿大生态经济学家 Wiliam R. 提出了生态足迹(ecological footprint)的模型，其模型在 1996 年被 Wackenagel 完善，并成为衡量人类对自然资源利用程度及自然界为人类提供生命支持服务功能的主要研究方法。

随后，自然资源与生态系统服务功能及其价值评价逐渐成为生态经济学的研究热点和焦点之一。生态系统服务价值评估理论对生态保护和经济发展具有重要意义，正确估计和评价生态系统服务价值，一方面有利于人类正确认识生态系统对自身的重要性；另一方面有利于人类制定正确的生态环境保护政策、生态资源利用政策以防止生态资源、生态环境遭受大的破坏。目前，对生态系统服务价值核算和评估的方法主要包括：旅行成本法、条件价值法、费用支出法、生产函数法、避免成本法、市场价值法等。这些方法作为典型的生态经济学方法，其也为农业生态补偿标准的制定提供了重要的方法论依据。其中，直接市场技术作为当前应用较多的生态系统服务价值评价方法，其评价的内容主要在使用价值上；而非使用价值在理论上虽得到广泛认同，但其在自然资源与生态系统服务中的价值评估作用发挥不是很到位。条件价值法作为评价公共物品尤其是环境物品的非使用价值的标准方法之一，从可持续发展角度看，其对自然资源与生态系统服务的总经济价值评估具有重要的环境管理和决策意义。

2.1.4.2　可持续发展理论

可持续发展是对"高消耗、高投入、高污染"的传统经济模式的一种变革，正是在世界经济迅速增长、生态环境不断恶化的大背景下，可持续发展的理论应运而生。1972 年 6 月，联合国人类环境大会在《人类环境宣言》中，发出了"为了这一代和将来世世代代而保护和改善环境"的号召，这成为环境保护史上一个具有里程碑意义的会议。1987 年，在联合国环境与发展委员会主办的环境与发展会议上，来自挪威的布伦特兰夫人在《我们共同的未来》这一报告中首次提出了"可持续发展"的概念与模式。关于可持续发展的界定，目前比较权威的定义是在 1987 年联合国发表的《我们共同的未来》研究报告中给出的，即"满足当代人需要而不损害后代人满足其需要的发展"。可持续发展包含了四个原则，其中可持续原则是可持续发展的核心原则。1992 年，联合国在巴西的里约热内卢举行了"联合国环境与发展大会"，本次会议通过了世界范围内可持续发展的行动计划——《21世纪议程》。随后，我国以《21 世纪议程》为基础发布了《中国 21 世纪议程》，并将其作为中国可持续发展的总体战略以及中长期发展计划的指导性文件。

通过相关的文献研究发现，可持续发展理论的核心在于：通过共同、协调、公平、高效、多维的发展，实现人与自然、人与人、人与社会关系的协调发展与合作共赢。从可持续发展的角度来看，人类赖以生存的地球及其自然区域是由环境资源、社会、经济等多种因素组合而成的一个复合系统，在这一系统中，各因素相辅相成、相互制约、动态调整，这种关系决定了人类在不超越自然资源与生态环境承载力的条件下可以不断发展人类自身、发展经济社会。这就要求人类善待自然，保护生态、爱护环境，一方面在自然资源、生态环境承载力之内创造丰富的物质生活满足人类自身的体质需求，另一方面要保护和改善地球生态环境，坚持以可持续的方式使用自然资源，合理优化生态环境，不断满足人类精神层面对美的追求，从而使人在得到全面发展的同时又保持了自然环境资源承载力的永续性。总体上来看，可持续发展理论阐明了发展性与持续性的关系，它既是目标，又是手段，既体现了发展，又突出了持续。其中发展是持续的前提，而持续反过来又能促进人类的和谐发展、人与自然的和谐共生。当前传统的农业发展方式已不能适应现代经济社会高质量发展的要求，在发展现代农业时必须考虑其对生态环境与资源的影响，因为保持农业的可持续性发展对维持人类的生存与发展意义重大。为了实现农业的可持续性发展，农业生态补偿也需要以"可持续性"为核心理念，即在对农业生态环境进行补偿时，必须站得高、看得远，不能只顾眼前利益，而应该让未来发展变得可期，促使人与自然在和谐共生中实现更高层次上的农业生态文明与现代社会文明。

2.2 核心概念

2.2.1 农业生态系统

2.2.1.1 农业生态系统的概念

美国生态学家坦斯利（A. G. Tansley）在 1935 年提出了"生态系统"这一概念，随后"生态系统"一词被广泛应用于生态学的各个领域，并且衍生出了很多新的相关概念，其中"农业生态系统"就是这些概念中比较有代表性的一个。目前，生态学界对农业生态系统比较一致的看法是：农业生态系统是人们在一定的时间和空间范围内，利用农业生物与非生物环境之间，以及生物种群之间的相互作用建立起来的，并在人为和自然共同支配下进行农副产品生产的有机整体。也就是说，农业生态系统是一个人类调控下的自然—社会—经济组合而成的复合生态系统，其介于自然生态系统与人工生态系统之间，是一种被人类驯化了的自然生态系统。从这个意义上来讲，农业生态系统是典型的半自然生态系统，它不仅受自然的制约，还受人为过程的影响；它既受自然生态规律的支配，又受社会经济规律的调节。作为一种兼具人工与自然的复合生态系统，农业生态系统通常包括农田生态系统、森林生态系统、草原生态系统、水生态系统。要对农业资源进行有效利用、确保农业生产的持续发展以及维护良好的人类生存环境，都需要尽快建立起合理的农业生态系统。

2.2.1.2　农业生态系统具备的特征

（1）农业生态系统具备的生态系统共有特征

作为生态系统的一个重要分支，农业生态系统具备任何生态系统都具有的三大基本功能特征，即能量流动、物质循环和信息传递。农业生态系统是人类按照自身的需要，用一定的手段来调节农业生物种群和非生物环境间的相互作用，通过合理的能量转化和物质循环进行农产品生产的生态系统。由于农业生态系统组成成分大多具有可再生性，健康的农业生态系统能够为人类提供可持续性的农产品服务；另一方面，由于农业生态系统服务功能的可转移性，其服务最易于以产品形式在不同区域内流转。

（2）农业生态系统自有的独特功能特征

首先，农业生态系统易受时空限制，具有鲜明的社会性，需要人为管理调节。作为一种人工生态系统，农业生态系统中人的作用突出，其与人类的社会经济领域密不可分。在人类的强干预下，农业生态系统以高产的作物品种和畜禽品种取代原有的各类野生种群，除按人们意愿种养的优势物种外，其他物种通常会被抑制或排除，导致生物种类大大减少。通过这种方式，人类对环境资源的利用率提高了，但因食物链、食物网简化，农业生态系统的主要组成成分变成了人工种养的生物，其抵抗不良环境的能力较差，使得农业生态系统的抗逆性和稳定性降低，容易受到旱涝灾害和病虫害的影响，这就需要人们采取人为的保护和管理措施。在农业生态系统中，人可以决定种植哪些农作物、饲养哪些家禽和家畜，还要不断地从事喂养、播种、施肥、灌溉、除草、治虫和收割等重复性活动，只有这样，才能使农业生态系统朝着对人类有益的方向发展。

其次，农业生态系统受到自然规律与社会经济规律的双重支配，其物质循环具有高流动性。自然生态系统生产的有机物基本上都保持在系统内部，许多矿质元素的循环可以在系统内保持动态平衡。而农业生态系统的一部分物质和能量，如生产的粮食、油料和肉类等农畜产品往往被大量输出到农业生态系统以外，为了求得平衡，人类需要源源不断地从社会经济领域向农业生态系统输入肥料、种子、农药、农业机械等农用物资作为添加物质与辅助能量，以使农业生态系统的物质循环能够正常运行。这种物质、能量的投入和产出的数量归根到底受不同的社会经济条件的制约，会因不同物质技术水平和农业经营方式而产生差异。随着农业生产技术的进步，人类对农业生态系统的调控能力越来越强，为了提高农产品产量，大量由工业提供的与石油等化石能源有关的农业机械、化肥、农药、塑料薄膜、电力、燃油等进入农业生态系统，石油农业的称谓应运而生。这种农业在提高农产品产能的同时，也会消耗大量的资源和能源并造成环境污染。

再次，与自然生态系统相比，农业生态系统通常产能性高、系统稳定性差。一方面，农业生态系统是在人类的干预下发展的，人类干预的目的是为了从中取得尽可能多的产物，以满足自身的多样性需求。同自然生态系统下生物种群的自然演化不同，一些符合人类需要的生物种群可以提供远远高于自然条件下的产量。如自然条件下绿色植物对太阳光能的利用率全球平均约为 0.1%，而在农田条件下光能利用率平均约为 0.4%。可见农业生态系统这种特性也决定了系统需要有物质和能量的不断补充投入，以保持投入与产出的基本平衡。另一方面，农业生态要比自然生态系统的稳定性要差一些。农业生态系统生物种群的构成，是人类选择的结果。通常只有符合人类经济要求的生物学性状诸如高产性、优质性等被保留和发展，并只能在特定的环境条件和管理措施下才能得到表现。一旦环境条件发生剧烈变化，或管理措施不能及时得到满足，它们的生长发育就会由于失去了原有的适应性和抗逆性而受到影响，导致产量和品质下降。人类的选择还使生物种类减少、食物链简化，系统通过不同生物之间的相互制约和相互促进而进行自我调节能力削弱。所有这些都会导致农业生态系统的不稳定性或波动性。

最后，农业生态系统是一个充满矛盾的系统。农业生态系统之所以充满矛盾，主要与人类对其生态系统服务功能的需求有关。总体上来看，农业生态系统组成类型多、结构、功能复杂，其农、林、牧、副、渔等多个子系统都具有生态系统服务功能的各个属性，但又有自己的特点和主导功能，如以粮食生产为主要特征的"农业"子系统就是人类食物的最直接的来源。这些个性鲜明的子系统组成地域间不同、时间上动态的各功能单元镶嵌体，从而为人们的衣食来源和生存空间支持扮演双重角色。一方面，人口增加、城市化、工业化发展使得人类社会对农业生态系统服务功能的需求量不断增加，而现实中对农业生态系统空间上的压缩、结构上的调整等造成了农业生态系统服务功能的不断降低；另一方面，由于农业生态系统内部也存在着多样化和专一化的问题，需求上的多样化和生产上表现为集约化的目标高度专一，造成了农业、林业等子系统的结构简单，主体功能突出，综合效益降低。此外，农业环境与资源保护、利用的矛盾、发展与保护的冲突等依然广泛存在于农业生态系统中。

2.2.2　农业生态系统服务

2.2.2.1　农业生态系统服务的界定

1996 年加拿大农学家 Claude D. Caldwell 等重新定义了"农业"的概念，他们认为"农业是把太阳光转变成人们幸福、健康生活的科学、艺术、政治学和社会学"，按照其定义，农业是完全以太阳辐射为核心能源的自然生态系统。作为联系人类社会系统与自然生态系统的界面，农业生态系统应在稳定人类赖以生存的生态系统中发挥重大作用。从这个角度看，农业生态系统服务可以理解为：农业生态系统在农业生态过程中把太阳光转变成人类的幸福和健康生活的效用价值，它是在农业生态系统的自然资源禀赋与农业生物相互作用的自然过程，以及与人类对原有农田环境的改良和人工活动如良种、化肥、灌溉、机械、农药等外部投入以获得系统生产力提高的双重影响下，所表现出来的农业生态系统对人类直接和间接的效应。

长期以来，人类比较注重农业产能，但对农业生态系统的维护关注度不够，导致许多农业生态系统的服务功能正日益退化或消失。现阶段，与人类社会的可持续性发展相适应，必须建立起农业生态系统的维护机制、政策和相关技术创新，才能维护农业生态系统的可持续性与其效能发挥的稳定性。近年来，国内外的不少学者开始较多关注该领域的研究，但进展较为缓慢，相关研究总体上仍处于起步探索阶段。

2.2.2.2 农业生态系统服务的主要内容

农业生态系统是人类驯化了的生态系统，具有高产性、高流动性、时空限制性、脆弱性等特点。正是由于其特殊性，农业生态系统受到了更多的人类活动影响。但长期以来，人们更多的是关注农业生态系统提供农产品的经济价值，而忽略了其生态服务价值及社会服务价值。其中生态服务价值是农业生态系统客观存在且极其重要的一部分，如对其长期忽视不加保护，必然会导致农业价值的错误计算，制定出的农业补偿政策也就无法平衡各利益相关方的关系，这将不利于农业生态系统的可持续发展。基于此，结合农业生态系统的自身特点，对其所提供服务的三大价值功能即经济服务价值、社会服务价值和生态服务价值分别进行阐释。

（1）经济服务价值

经济服务价值主要指人们利用农业生态系统进行生产转化获取的经济利益，其以直接产品服务为主；除了农业生态系统产出的农产品外，利用农业生态系统开发的旅游资源等也应列入经济服务价值。经济服务价值主要从农业生态系统的供给服务中得以体现，主要包括食物供给、原材料供给以及旅游资源供给等，它是人类通过自身活动影响农业生态系统而生产出的能够为人类社会所利用的粮食、淡水、木材、景观等农产品及农副产品，这是农业生态系统对人类社会最直接、最主要的服务。

（2）社会服务价值

社会服务价值主要是指农业生态系统为社会中的人提供的人文、艺术、文化教育、科技研究等服务价值，其主要表现为间接价值。文化服务作为农业生态系统所能提供的重要辅助服务，它是人类将一些农业活动或农业产品发展成为观光农业或现代体验农业的活动，由此形成的一些地区性的农业旅游、农家乐等能够较好地发挥区域性的人文、艺术、文化教育等服务功能，从而在一定程度上满足了人们减压降负、休闲娱乐、美学景观欣赏、短途旅游放松的需要。

（3）生态服务价值

生态服务价值主要是指农业生态系统在物质、能量、信息和经济流动的生态过程中与整个生态环境互动，保持生态平衡、维护健康环境的价值，如维持土壤肥力、营养循环、净化空气等生态服务价值，其主要表现为间接价值。一般而言，农业生态系统的生态服务价值主要通过调节服务与支持服务来体现。其中调节服务包括气体调节、气候调节、净化环境、水文调节等，这些调节功能的有效发挥有利于维持大气中的碳氧平衡、有利于缓解温室效应以改善区域小气候、有利于提升空气质量减少雾霾天气、可以避免土地干枯龟裂与农地沙化等情况的发生。而支持服务是农业生态系统又一项重要的服务，其通过农作物附着于土地，保持土壤与土壤的肥力，以此减少水土流失情况的发生；其通过农作物滋生的生长循环与土壤内循环的相互作用，起到保持土壤有机质等养分的储存与供给，从而维持养分的正常循环；其通过为部分生物提供生存环境以保持生物多样性的良好农业生态状态。除此之外，农业生态系统受人类影响最大，其在发挥正外部性的同时也会因人类的不当行为出现负外部性，如人类长期施用化肥农药等导致农田土壤板结、水资源污染，耕种时由于灌溉方式不当引起水资源浪费，生产中由于过度耕种农田，导致农用土地土壤肥力下降，地表裸露等负面问题。

总体来看，农业生态系统对人类生活和生产会产生重大影响。它一方面具有生物生产功能，能够为人类提供生产和生活资料，为人类带来经济效益；另一方面它还具有大气调节与环境净化服务功能、养分循环功能、传粉播种功能、病虫害控制功能、维持生物及基因资源功能等，为人类带来生态效益与保障粮食安全、维护社会稳定等方面的社会效益。因此，健康的农业生态系统是农业生产最基本的物质基础和发展条件，是保障社会经济稳定和可持续发展的基础。但由于农业生态系统产生的生态效益和社会效益具有外部性和公共物品性的特征，加之长期以来我国农业政策一直是以保障粮食安全尤其是粮食数量安全为目标，忽视了对农业生态环境的保护，导致农业生态环境管理中出现市场和政府双重失灵的情况。农业生态环境恶化已严重影响到我国农业的生态安全，并对农业产业的可持续发展也产生了一定的负面影响。

2.2.3 生态补偿

2.2.3.1 国外关于生态补偿概念的理解

关于生态补偿的概念，目前还没有达成共识的统一表述。在国外研究中，1970 年，"环境服务（Environmental Services）""生态系统服务功能（Ecosystem Services Function）"等概念首次出现在了《紧急环境问题研究报告》中。1974 年，"生态系统服务"的概念由 Holdern 和 Ehrlich 首次明确提出；1977 年，Westman 提出了"自然的服务"的概念；1997 年，Costanza 等进一步确定了"生态系统服务"概念的内涵。目前，国外学术界认可度比较高的生态补偿概念界定一个是 RUPES（山区贫困农户生态服务补偿项目），另一个由国际林业研究中心（CIFOR）做出。而与国内"生态补偿"相对应的较常用概念是生态或环境服务付费（Payment for Ecological/Environmental Services，即 PES）、生态/环境服务市场（Market for Ecological/Environmental Services）、生态/环境服务补偿（Compensation for Ecological/Environmental Services）。这些概念都强调要借助经济手段激励环境产品供给，以此来缓解环境外部性的问题。由上面的分析可以看出，生态补偿概念的提出最早是基于自然生态系统平衡发展的规律，侧重于在生态层面实现能量、物质的守恒，以促进自然生态系统环境的修复和净化，这被称为狭义的生态补偿。但是随着社会和经济的发展，越来越多的学者开始关注生态系统中人的行为，认为生态补偿不仅应该包括对生态功能和质量的补偿，还应该包含对环境保护做出贡献或因此而失去公平的发展机会等利益群体的补偿，这被称为广义的生态补偿。由于不同国家历史发展及现实国情的不同，其对生态补偿概念的理解也存在文化、理念方面的差异，使得生态补偿概念的演进及制度发展呈现出多元化的态势。随着社会的进步和人们对生态环境意识的提高，国外与生态补偿相关的概念在理论上开始趋向统一。

2.2.3.2 国内关于生态补偿概念的理解

1981 年，马世骏在其研究中谈到了生态的自然补偿这一概念；1987年，张诚谦站在生态意义的角度，指出"生态补偿就是从利用资源所得的经济收益中提取一部分资金，以物质和能量的方式归还生态系统，以维持生态系统的物质、能量，输入、输出的动态平衡"。基于对维护生态系统平衡重要性更深层次的认识；1991 年出版的《环境科学大辞典》将生态补偿界定为"生物有机体、种群、群落或生态系统受到干扰时所表现出来的缓和干扰、调节自身状态使生存得以维持的能力，或者可以看作是生态负荷的还原能力"，这无疑是对生态自然补偿学说的丰富与充实。从 1995 年开始，国内生态补偿的概念开始从生态意义视角向社会经济意义方面拓展，毛显强等人（2002）认为，生态补偿是通过对损害/或保护资源环境的行为进行收费/或补偿，提高该行为的成本/或收益，以激励损害/或保护行为主体减少/或增加因其行为带来的外部不经济性/或外部经济性，从而达到保护资源的目的。

随着生态补偿概念从最初的生态意义逐步转变到经济意义以及不断向社会制度方面的拓展，李团民（2010）将国内生态补偿概念的演进粗略地划分为自发型补偿阶段、赔偿型补偿阶段以及权益型补偿阶段，并对先后出现的四种主流观点，即生态自然补偿说（马世骏，1981；环境科学大辞典，1991）、生态损害赔偿说（李慕唐，1987；蒋天中等，1990；庄国泰等，1995；王钦敏，2004）、生态受益补偿说（吕德厚等，1993；曹良等，1996；张涛，2003；沈满洪，2004）与生态双向受益补偿说（毛显强，2002；王金南，2006；郭峰，2008）进行了归纳与梳理。总体来看，国内有关生态补偿概念的界定与理解具有多样性，目前的主流观点更倾向于生态双向受益补偿说。

2.2.3.3 本书对生态补偿概念的界定

（1）生态补偿概念的界定具有多样性

生态补偿是一个涉及多学科的综合性问题。生态补偿的经济学理论主要关注如何通过经济手段优化生态环境资源的配置，从而提高社会整体的效率与福利。与生态意义上修复生态系统的生态补偿概念不同，社会经济意义方面的概念更强调对生态系统的保护，同时也兼具修复之意。除了经济学方面的概念外，环境社会学的主要理论流派也对生态补偿的相关概念进行了分析和反思，它们比较关注生态补偿过程中的参与性、公平性等问题，以及生态补偿过程的有效性和合理性。而政治和法律领域的生态补偿研究则更倾向于如何对生态补偿过程中的产权界定和补偿过程中的权利关系进行合理区分。

总体来看，生态补偿概念的提出，一方面是认可了自然生态系统的服务价值，另一方面是确认了对人类活动，特别是人类经济利益行为进行规范的必要性。从对国内外生态补偿概念的分析理解可以看出，生态补偿的范畴涵盖了学术界流行的生物多样性价值补偿和生态系统服务支付费用等方面的内容。

(2)本书对生态补偿概念的理解

因为生态补偿外延边界会决定生态补偿政策的适用条件，如果将所有与生态保护相关的经济性行为都纳入生态补偿范围，这会致使生态补偿外延过大，就有可能使生态补偿的范畴与现有的相关法规、政策产生矛盾与冲突；同样的道理，如果将生态补偿仅仅理解为专项基金补助与相关收费，就会使生态补偿的外延过于狭窄，这会对后续的生态补偿政策实施时拟采用的方式、手段等产生制约，进而影响生态补偿功能的有效发挥。因此，生态补偿概念外延的界定要将两个因素同时考虑在内：一是要明确生态补偿的基本性质和定位，二是要注意协调生态补偿与相关经济政策间的关系。

综上，生态补偿可以理解为：以保护和维持生态系统的服务为目标，利用市场调节和政府干预的共同作用，以经济手段为主要方式，调节利益相关方关系的一种补偿机制，其既包括对保护生态环境和自然资源获得效益所进行的奖励，也涉及对生态环境和自然资源破坏所进行的赔偿。

2.2.4 农业生态补偿

以农业为主体的农业生态系统具备强大的生产功能，其还具有调节气候、净化空气等生态价值和环境美学等景观文化价值。农业生态补偿作为一种典型的生态补偿，近年来逐渐成为我国生态补偿领域的研究热点。

2.2.4.1 国内关于农业生态补偿概念的理解

目前，国内对农业生态补偿的概念界定尚不统一。丘煌（2010）认为，农业生态补偿是指根据生态补偿"谁污染谁治理，谁受益谁补偿"的基本原则，对农业生产过程中的生态破坏者进行约束限制和对生态保护者进行激励的一种手段。李庆江（2010）认为，农业生态补偿是通过一定的经济政策手段让生态保护的"受益者"支付一定的费用，并让"受损者"得到一定补偿，以实现农业生态保护外部性的内部化。梁丹（2015）认为农业生态补偿是指对保护农业生态环境的农民主体，为防止其利益受损而进行的相关补偿。宋皓（2016）认为，农业生态补偿是生态补偿中为了区别分类而定义的与农业生产有关的以及在农业生产行为过程中对环境造成破坏而进行的补偿，其原则和标准也是基于生态补偿的框架，重点是解决农业面源污染、土壤污染、侵占其他生态系统等问题，通过建立法律机制体系，引导有效保护生态环境和约束破坏行为，并利用经济杠杆实现利益再分配的补偿过程。牛志伟（2019）认为，农业生态补偿有两类含义：一类是"对农业生态的补偿"，即对农业生态系统的补偿；另一类是"对农业的生态补偿"，即对农业生态价值的补偿。

上述学者对农业生态补偿的概念从多个角度进行了阐释，这些阐释都有一定道理。因为农业生态系统是经过人类不断改造、驯化以适应人类生存和发展的自然生态系统，在其生产功能、生态功能和生活功能这三大主要功能中，农业生产功能是其最重要的功能。通常，农业生态保护与农业生产环境治理往往相辅相成的，如在推动农村新能源建设时，鼓励用更环保的沼气替代传统的农村生活燃料木材，不仅能抑制树木的随意砍伐减少对农业生态环境的损害，也能使生产沼气的粪尿得以有效利用以降低对农村居民生活环境的污染。基于此，农业生态补偿的范围从理论上应该涵盖农业污染防治和农业生态建设两大核心，其主要内容可从以下两个方面进行考虑：一是针对农业生态环境本身进行的补偿，二是针对农业的生态补偿，只是目前实务界对农业生态补偿的理解更侧重于后者。总体来看，目前，我国国内关于农业生态补偿内涵和外延的理解不是过窄就是过宽，因此有关农业生态补偿内涵的研究还有待深入。

2.2.4.2 本研究对农业生态补偿概念的界定

正确理解农业生态补偿的含义，这是构建完善的农业生态补偿制度的基础。从概念演绎来看，农业生态补偿的内涵界定主要是基于生态补偿进行的，从而在农业领域也先后产生了农业生态自然补偿观、农业生态损害赔偿观、农业生态受益补偿观与农业生态双向受益补偿观（袁境欣，2012）。在汪劲（2014）看来，农业生态双向受益补偿观实质上是将农业生态损害赔偿观与农业生态受益补偿观统筹了起来。作为生态补偿在农业领域的具体运用，与常规的生态补偿相比，农业生态补偿的形式与其他系统一样，范围较窄并且针对性更强。

结合农业生态系统的定位，在总结分析相关文献的基础上，结合本研究需要，将农业生态补偿界定为：运用财政、税费、市场、技术等多种手段，激励农民保护和改善农业生态环境或者恢复农业生态系统的服务功能，提供优质的农业生态环境相关产品及其行为，约束破坏行为，鼓励受益者购买这些优质相关产品，从而有效调节农业生态保护者、受益者和破坏者之间的利益关系，以此来内化农业生产活动产生的外部成本，进而达到保障农业可持续发展的一种制度安排。也就是说，农业生态补偿的目的是为使农业生产行为造成的环境破坏能够得到有效保护和补偿而配套的保障政策和法律约束，在社会公平和正义的基础上将开发者、使用者、破坏者、保护者等相关利益方的外部行为内部化，用经济的杠杆调节系统内部的平衡，通过生态服务费补偿、生态补偿税收等多种形式改善修复环境，打造农业生态系统，并且对因为保护生态环境而失去农业生产机会的地区和农民补偿失去的机会成本。

从概念界定来看，农业生态补偿的内涵包括两方面的内容：一是对农业生态环境系统进行补偿，如用于已遭受损害的农田生态环境系统的恢复和保护；二是对农民进行补偿，因为农民为了恢复和发展农业生态系统服务功能，改变了原有的生产方式，甚至放弃了一部分直接经济利益。也就是说，农业生态补偿的目标在于，通过对保护性种植制度、减少农药化肥等生产要素的使用等环境保护型农业生产方式的经济、政策、技术、市场等多种手段的激励，以此来减少环境污染和生态破坏。

第三章 我国的农产品主产区及其
农业生态补偿实践

20 世纪初期，美国学者富兰克林·金访问了东亚中日朝三国，认为东方农耕是世界上最优秀的农业，并著成《四千年农夫：中国、朝鲜和日本的永续农业》一书，认为农业可持续发展的关键是保持土壤的肥沃，东方农耕的核心技术是豆科绿肥、人畜粪便还田和多熟种植等，这类似于现代意义上的有机农业，其生产系统强调生物动力驱动而非人工物质与能量。

3.1 全国主体功能区规划有关农产品主产区的规定

3.1.1 国家层面农产品主产区的界定与功能定位

全国主体功能区规划明确规定，国家层面限制开发的农产品主产区是指具备较好的农业生产条件，以提供农产品为主体功能，以提供生态产品、服务产品和工业品为其他功能，需要在国土空间开发中限制进行大规模高强度工业化城镇化开发，以保持并提高农产品生产能力的区域。国家层面限制开发的农产品主产区的功能定位是：保障农产品供给安全的重要区域，农村居民安居乐业的美好家园，社会主义新农村建设的示范区。由此可见，为了实现农产品主产区的主体功能和其他功能，农产品主产区应着力保护耕地，稳定粮食生产，发展现代农业，增强农业综合生产能力，增加农民收入，加快建设社会主义新农村，保障农产品供给，确保国家粮食安全和食物安全。

3.1.2 国家层面农产品主产区的发展方向和开发原则

全国主体功能区规划对国家层面农产品主产区的发展方向和开发原则规定的较为详细，主要体现在以下方面。

一是加强土地整治，搞好规划、统筹安排、连片推进，加快中低产田改造，推进连片标准粮田建设鼓励农民开展土壤改良。

二是加强水利设施建设，加快大中型灌区、排灌泵站配套改造以及水源工程建设，鼓励和支持农民开展小型农田水利设施建设、小流域综合治理。建设节水农业，推广节水灌溉，发展旱作农业。

三是优化农业生产布局和品种结构，搞好农业布局规划，科学确定不同区域农业发展重点，形成优势突出和特色鲜明的产业带。

四是国家支持农产品主产区加强农产品加工、流通、储运设施建设，引导农产品加工、流通、储运企业向主产区聚集。

五是粮食主产区要进一步提高生产能力，主销区和产销平衡区要稳定粮食自给水平。根据粮食产销格局变化，加大对粮食主产区的扶持力度，集中力量建设一批基础条件好、生产水平高、调出量大的粮食生产核心区。在保护生态的前提下，开发资源有优势、增产有潜力的粮食生产后备区。

六是大力发展油料生产，鼓励发挥优势发展棉花、糖料生产，着力提高品质和单产。转变养殖业发展方式，推进规模化和标准化生产，促进畜牧和水产品稳定增产。

七是在复合产业带内，要处理好多种农产品协调发展的关系，根据不同产品的特点和相互影响，合理确定发展方向和发展途径。

八是控制农产品主产区开发强度，优化开发方式，发展循环农业，促进农业资源的永续利用。鼓励和支持农产品、畜产品、水产品加工副产物的综合利用。加强农业面源污染防治。

九是加强农业基础设施建设，改善农业生产条件。加快农业科技进步和创新，提高农业物质技术装备水平。强化农业防灾减灾能力建设。

十是积极推进农业的规模化、产业化，发展农产品深加工，拓展农村就业和农民增收空间。

此外，全国主体功能区规划中还强调，要以县城为重点推进城镇建设和非农产业发展，加强县城和乡镇公共服务设施建设，完善小城镇公共服务和居住功能。对于农村居民点以及农村基础设施和公共服务设施的建设，则要统筹考虑人口迁移等因素，适度集中、集约布局。

3.1.3　国家层面农产品主产区的发展重点

全国主体功能区规划指出，从确保国家粮食安全和食物安全的大局出发，充分发挥各地区比较优势，构建以"七区二十三带"为主体的农业战略格局，重点建设以东北平原、黄淮海平原(即华北平原)、长江流域、汾渭平原、河套灌区、华南和甘肃新疆等农产品主产区为主体，以基本农田为基础，以其他农业地区为重要组成的农业战略格局。

以上述农业战略格局为基础，考虑各区域发展农业资源禀赋上的差异性，最终确定的东北平原农产品主产区、黄淮海平原农产品主产区、长江流域农产品主产区、汾渭平原农产品主产区、河套灌区农产品主产区、华南农产品主产区和甘肃新疆农产品主产区的发展重点也有较大不同。

东北平原农产品主产区的发展重点是建设以优质粳稻为主的水稻产业带，以籽粒与青贮兼用型玉米为主的专用玉米产业带，以高油大豆为主的大豆产业带，以肉牛、奶牛、生猪为主的畜产品产业带。黄淮海平原农产品主产区的发展重点是建设以优质强筋、中强筋和中筋小麦为主的优质专用小麦产业带，优质棉花产业带，以籽粒与青贮兼用和专用玉米为主的专用玉米产业带，以高蛋白大豆为主的大豆产业带，以肉牛、肉羊、奶牛、生猪、家禽为主的畜产品产业带。长江流域农产品主产区的发展重点要突出建设以双季稻为主的优质水稻产业带，以优质弱筋和中筋小麦为主的优质专用小麦产业带，优质棉花产业带，"双低"优质油菜产业带，以及以生猪、家禽为主的畜产品产业带，以淡水鱼类、河蟹为主的水产品产业带。汾渭平原农产品主产区的发展重点是建设以优质强筋、中筋小麦为主的优质专用小麦产业带，以籽粒与青贮兼用型玉米为主的专用玉米产业带。河套灌区农产品主产区的发展重点是建设以优质强筋、中筋小麦为主的优质专用小麦产业带。华南农产品主产区的发展重点是建设以优质高档籼稻为主的优质水稻产业带，甘蔗产业带，以对虾、罗非鱼、鳗鲡为主的水产品产业带。甘肃新疆农产品主产区的发展重点是建设以优质强筋、中筋小麦为主的优质专用小麦产业带，优质棉花产业带。

3.2　我国农业生态补偿制度的建立健全

我国的农业发展也经历了满足温饱、支持工业发展的过程，在这一过程中大量使用化肥、农药和饲料等虽然提高了农产品的产量和农业产值，但同时带来严重的生态环境问题，如土地过度使用导致板结、老化，滥用农药影响农村环境和农副产品安全，秸秆焚烧带来的空气严重污染等，这些都严重影响了我国农产品的质量安全和市场竞争力，制约了农业的可持续发展。为了保护农业生态环境良性循环利用，促进农业资源再生和生态环境的恢复，建立完善可行的农业生态补偿机制是势在必行，这需要一个健全的法律体系给予支持和保护。

3.2.1　我国生态补偿制度的建立健全

到目前为止，我国已经在多个领域对生态补偿进行了立法并据此开展了不少生态补偿项目。目前，《中华人民共和国矿产资源法》《中华人民共和国森林法》《中华人民共和国农业法》《中华人民共和国草原法》《中华人民共和国水土保持法》《中华人民共和国水污染防治法》等均制定了生态补偿的相关条款。

3.2.1.1　在 2010 年之前的制度建设

具体来说，1986 年，我国颁布了国内第一部生态补偿的法律制度——《中华人民共和国矿产资源法》，对生态补偿方面的相关内容做出规定。1994 年，我国《矿产资源补偿费征收管理规定》出台，其通过征收矿产资源补偿费，促进了我国矿产资源补偿制度的完善。2005 年，我国政府出台了《国务院关于落实科学发展观加强环境保护的决定》，《关于开展生态补偿试点工作的指导意见》也在 2007 年发布，这一系列生态环境保护政策的出台进一步推动了我国生态补偿工作的开展。除了"退耕还林"、"退耕还草"等与农业生态补偿相关的法规政策的推出外，2010 年《生态补偿条例》被列入立法计划，其框架已初步确定，但因涉及的领域较多，加上各方利益在短时间内难以协调，所以该条例迟迟未能出台。

3.2.1.2　在 2010 年之后的制度建设

2011 年,《中华人民共和国国民经济和社会发展第十二个五年规划纲要》明确提出"建立完善生态环境与资源补偿机制",从而将对生态补偿的重视上升到保障国计民生的高度。2012 年,党的十八大明确要求建立环境污染生态补偿制度;2013 年召开的十八届三中全会通过了《关于全面深化改革若干重大问题的决定》,提出"推动地区间建立横向生态补偿制度",此时生态补偿制度建设已经上升到国家战略层面。2014 年发布的新《环境保护法》明确提出要建立健全生态保护补偿制度,这表明了国家构建生态补偿法律制度的决心。2014 年,我国的《水土保持补偿费征收使用管理办法》发布,其对水土保持补偿费征收、缴库、管理等做了具体规定,这对建立健全国内生态补偿法律制度有着重要意义。

2016 年 4 月,《关于健全生态保护补偿机制的意见》发布,这是我国第一份针对生态补偿机制的国家文件,也是新时期健全我国生态补偿制度的行动纲领,其明确了生态补偿的事权关系是"以地方补偿为主、中央财政给予支持",这也表明中央政府开展生态补偿的决心。2016 年,财政部等四部委联合印发《关于加快建立流域上下游横向生态保护补偿机制的指导意见》,提出按照"区际公平、权责对等;地方为主、中央引导;试点先行、分布推进"的原则,建立流域上下游横向生态补偿机制,更好地运用经济杠杆进行环境治理和生态保护,形成流域保护和治理的长效机制。

2020 年 5 月,财政部、环保部、国家发改委、水利部四部委联合发布《支持引导黄河全流域建立横向生态补偿机制试点实施方案》,针对沿黄九省(区)探索建立黄河全流域横向生态补偿标准核算体系。

3.2.2　我国农业生态补偿制度的建立健全

通过查阅文献与相关法律条文发现,我国目前还没有关于农业生态补偿的具体细则以及相应的系统性政策参考,在《环境保护法》中虽然提出保护农业生态对造成农业污染者予以相应处罚,但并没有涉及农业生态补偿。《草原法》和《农业法》提出要进行农业生态补偿,但没有做出详细的解释和指导意见。由此可见,目前我国农业生态补偿法律体系建设尚处于初级阶段，还没有针对农业生态补偿的专门立法，有关农业生态补偿的法律法规大多散落在其他相关法律法规、实施条例或管理办法中。

3.2.2.1　农业生态补偿相关制度的初步设计

从 1999 年起，我国开始启动退耕还林、退耕还草项目，与其相匹配的《退耕还林条例》也在 3 年后出台。《退耕还林条例》确立了退耕还林生态补偿的 3 种方式，并对退耕还林的补偿主客体以及补偿监督制度等做出相应规定。同年，我国《清洁生产促进法》出台，其要求开展农业清洁生产，注重农业生态环境保护，这标志着我国生态农业法制建设的开始。随后，《全面推进"无公害食品行动计划"的实施意见》发布，以此为起点，我国开始积极部署绿色食品、有机食品和无公害食品（即"三品"）的认证工作。2003 年，有关保护性耕作技术的实施要点、实施规范先后由农业部发布，其目的是强化对农业生态环境的保护。2004 年 12 月，中央 1 号文件明确提出，要积极推广测土配方施肥技术，加大推进有机肥综合利用项目，不断增加农业生产土壤的有机质。

3.2.2.2　健全农业生态补偿制度思想的发展

我国农业生态补偿制度初次在官方文件中被提及是在 2006 年，湖北省在其发布的农业生态环境保护条例中，对农业生态补偿机制的建立情况做了明确要求。2007 年，《关于开展生态补偿试点工作的指导意见》由国家环保总局正式发布，这标志着我国的生态补偿制度建设迈出了重要的一步。2008 年，健全农业生态补偿制度的指导思想在相关推进农业发展改革的决定中得以明确，农业可持续发展的内容中融入了农业生态补偿的元素；与此同时，《循环经济促进法》《关于有机肥产品免征增值税的通知》也在 2008 年相继发布，发展农业循环经济开始受到重视。2009 年，《关于划定基本农田实行永久保护的通知》强调要实现基本农田数量与质量并重，生产功能与生态功能并重；而在 2009—2015 年的保护性耕作工程建设规划中，保护性耕作项目已被提升到国家级工程地位。

3.2.2.3　有机农业发展的规范化认证不断完善

2010 年，有关农药使用、化肥使用的环境安全技术指导规则先后发布，其对农业种植环节合理用药、合理施肥等做出了细化性的规定。在随后两年，有关全国实施土壤有机肥提升的补助政策以及不同类型有机肥利用的补贴标准也先后明确。针对测土配方施肥补贴项目，我国在 2013 年发布了相关的实施指导意见；与此同时，促进全国农企合作推广配方肥的实施方案也跟着出台，目的是继续深化农企合作，以加快配方肥在全国范围内的推广应用。2014 年，《畜禽规模养殖污染防治条例》正式实施，这是我国出台的第一部有关农业生态保护性质的法规，其特别强调地方财政资金扶持、税收优惠等调节手段对畜禽规模养殖污染防治作用的发挥。同一年，我国又发布了有机产品认证的管理办法、新版的实施规则等，从而使得国内关于有机农业发展的认证规则得到进一步规范。

3.2.2.4　绿色生态农业生态治理补贴制度逐渐形成

2015 年，《关于扩大新一轮退耕还林还草规模的通知》由八部联合发出，退耕还林的具体标准得以明确，这种有意义的探索成为国内生态补偿制度法制化进程中的有益尝试。同年，我国农业部公布了《关于打好农业面源污染防治攻坚战的实施意见》，其对与农业面源污染相关的补偿主体、补偿资金来源等做了进一步的扩充说明，与以前的相关制度相比较，这在农业生态补偿的界限、补偿机制的设计与运用方面有了较大进步。2016 年，我国《关于健全生态保护补偿机制的意见》颁布，其提出要完善耕地保护补偿制度，尽快建立以绿色生态为导向的农业生态治理补贴制度。2016 年 6 月，《耕地质量调查监测与评价办法》由农业部对外公布；其为了进一步加强和规范耕地质量保护，提高该项目专项资金的使用效益，于是在 2018 年初发布出台了《耕地质量保护专项资金管理办法》。

3.3 我国农业生态补偿的实践

3.3.1 我国生态补偿的政策实践

我国生态补偿的实践起步较晚，最早的生态补偿实践始于 20 世纪 70 年代。总体来看，我国的生态补偿特别是农业生态补偿主要是通过开展相关项目来推行的，在实务中会涉及国家与地方两个层面。

3.3.1.1 从国家发展战略层面看

党中央和国务院一直高度重视生态补偿在生态建设中的重要作用，相关的生态补偿项目主要是以生态建设工程形式进行。为了实现生态环境保护的目的，我国从 1978 年起开始针对我国西北、华北、东北的 13 个省区建设三北防护林体系的重大生态建设工程。1983，云南省以昆明磷矿作为试点项目，对矿石开采征收补偿金用于生态恢复治理。随后，国家天然林保护、环京津风沙源治理等大型生态保护工程也相继启动。从 1999 年开始，我国先后推出了"退耕还林"、"退牧还草"、"退田还湖"等一系列生态工程。这些生态补偿项目的实施增强了人们的生态保护意识，也在一定程度上保护了生态安全。

以"退牧还草"项目为例，根据我国 2001—2010 年全国草原生态保护建设规划，我国从 2003 年起开始实行"退牧还草"项目，该项目涉及我国西部 11 个省区约 10 亿亩的草地。2010 年年底，财政部、环保部在安徽省新安江流域启动了全国首个跨省流域生态补偿机制试点，并于 2012 年正式实施（试点期三年，2012—2014 年）。从森林生态效益补偿机制来看，2013 年中央财政将集体和个人所有的国家级公益林补偿标准由每年每亩 10 元提高到 15 元；2015 年将国有的国家级公益林由每年每亩 5 元提高到 6 元，2016 年提高到每年每亩 8 元。再以湿地补偿为例，2014 年国家针对国内 21 个省、自治区的 21 处国家级湿地自然保护区，共计安排 6.4 亿元的中央财政资金，用于湿地补贴生态效益补偿试点。在国家大型生态补偿项目开展下，全国各地争先开展农业生态补偿的试点和实践，努力在发展经济的同时改善生态环境。2019 年中央一号文件要求进一步完善粮食主产区利益补偿机制,加强农村污染治理和生态环境保护。针对黄河全流域横向生态补偿机制试点,从 2020 年开始的 3 年期间内,中央财政专门安排黄河全流域横向生态补偿激励政策,并以"提升水质"、"节约水资源"为核心,以生态产品价值为导向,支持引导各地区加快建立横向生态补偿机制。

3.3.1.2 从地方政策实践层面看

各地政府通常会结合当地实际,以国家层面项目为基点开展相关生态补偿项目。如浙江省在 2005 年 9 月出台《关于进一步完善生态补偿机制的若干意见》,这是省级层面比较系统开展生态补偿的政策实践;2008 年 2 月,浙江又出台了《浙江省生态环保财力转移支付试行办法》,其生态补偿制度建设更上一层楼。针对子牙河环境污染导致河水污染严重的问题,河北省政府在 2009 年以子牙河为试点开展保护与生态补偿工作,并制定了相关的生态补偿管理办法。江苏省的苏州市在 2010 年制定出台了《关于建立生态补偿机制的意见(试行)》,这为本地区农业生态补偿工作的开展提供了依据;2013 年苏州市又颁布了《关于调整完善农业生态补偿政策的意见》,进一步加强了对生态补偿范围内农户的规范化管理和政策优惠;与苏州市同处于江苏省的连云港市则通过生态红线机制,向生态红线区域支付生态红包,其推行的生态补偿机制不仅保护了当地的生态环境,还为当地经济的发展注入了新的活力。

农业大省山东省在 2016 年制定《山东省大气环境防治条例》,在其规范下积极开展大气环境治理,不断提升空气质量。东部沿海省份广东省则实行耕地保护激励性补偿措施,其在全国第一个建立起了基本农田保护经济补偿机制,这对国内其他省市起到了很好的示范效应。各地在推进生态补偿试点中,也相继出台了流域生态补偿等方面的政策性文件。2016 年,安徽省财政厅、省环境保护厅联合印发了《关于进一步完善大别山区水环境生态补偿机制的通知》,就完善政策体系、加大补偿投入、加强基础管理、健全工作机制、推进政策协同等方面提出了意见。2017 年,安徽省印发了《关于加快建立流域上下游横向生态保护补偿机制的实施方案的通知》,提出建立多元化生态保护和补偿机制;2019 年 4 月,安徽省的《环境生态补偿实施办法》出台，目标是继续开展新安江流域生态补偿第三轮试点工作，稳步实施大别山区水环境生态补偿，全面实施地表水断面生态补偿，建立健全以市级横向补偿为主，省级纵向补偿为辅的地表水断面生态补偿机制。

3.3.2　我国农业生态补偿的项目实践

我国的农业生态补偿主要是通过开展相关项目来推行的，其开展的退耕还林工程、保护性耕作技术、测土配方施肥计划、有机肥利用和畜禽规模养殖排泄物管理、"三品一标"生态认证等在试点推行中有所发展，取得了一定的农业生态补偿成效，但也存在不少问题。

3.3.2.1　退耕还林工程实施现状

为遏止水土流失、土地沙漠化，我国于 1999 年开始在四川、陕西、甘肃进行退耕还林试点，3 年后退耕还林工作全面启动。该工程主要针对西北大面积土地沙化或水土严重流失的地区，涉农人数在 1.5 亿左右。此项农业生态补偿工程的推行增强了当地农民生产的积极性，其在获得政府补贴的同时，可以在农技部门的指导下推广绿色农业生产，这使得其生态环保意识在潜移默化中得以提升，其区域内的农业生态环境也明显得到改善。2014 年，国家启动了新一轮退耕还林还草工程；2015 年年底，《关于扩大新一轮退耕还林还草规模的通知》发布，其强调从 2016 年起，扶持政策将对扶贫开发任务重、贫困人口较多的省份给予重点倾斜，并对退耕还林还草范围的决策进行了适度放权，允许各有关省份研究拟定其区域内扩大退耕还林还草的范围；新一轮退耕还草补助标准统一定为 1 000 元/亩，该专项补助资金分别在项目实施的第一年和第三年发放，两次补贴的金额分别是 600 元、400 元。

3.3.2.2　保护性耕作技术推广现状

我国于 21 世纪初开始实施保护性耕作技术补偿，涉及秸秆覆盖农田、少耕深松作业等内容。截至 2013 年，中央财政在该技术的推广和实施中累计投入约 3.5 亿元，推动保护性耕作面积占比提升了近 6 个百分点，粮食产投比也是一路飙升，农业生产经济效益明显提高，保护性耕作技术得以在全国更多地区推广。保护性耕作的专项补偿经费专款专用，主要用于作业补助、技术指导、培训宣传，这三项的发放比例标准为3：3：4。在中央财政专项资金的支持下，2016年我国的耕地质量建设试点工作开始启动。一方面，推广应用秸秆还田、种植绿肥、增施有机肥等保护性耕作技术，并主要围绕以下三个方面实施：一是重点针对南方的土壤酸化与北方的土壤盐渍化开展退化耕地综合治理；二是重点针对土壤重金属污染修复与白色污染进行耕地阻控修复；三是通过秸秆还田、种植绿肥、增施有机肥等不断保护提升土壤的肥力。另一方面，中央财政还拿出5亿元的专项资金，在东北继续开展黑土地保护利用试点，通过新技术推广与工作机制创新，强化对黑土退化的遏制力度。

3.3.2.3 秸秆综合利用试点实施现状

秸秆综合利用项目试点成效比较显著，至2015年年末，我国的秸秆综合利用率已达到80%以上，其中占重头戏的秸秆农用比重也已超过了65%。2016年，财政部、农业部选择了包括东北三省在内的共计10个秸秆量大，同时焚烧问题严重的省份，围绕加快环京津冀生态一体化屏障的构建工作，在重点区域内开展秸秆综合利用的试点。2017年7月，财政部、农业部组织评价组采取多种核查、考核方式，对这10个试点省份的农作物秸秆综合利用试点2016年中央财政补助资金进行绩效评价，发现试点工作调动了相关利益主体秸秆综合利用的主动性与积极性，秸秆露天焚烧的点火率较2015年降低了30%，各试点省份农户因为秸秆综合利用所带来的节本增收率基本上都达到了5%以上，秸秆综合利用的相关主体包括农户、合作社、企业等对秸秆综合利用政策的满意度都在90%以上，各试点省份的秸秆综合利用成效有了较大的改观。

3.3.2.4 测土配方施肥与有机肥利用实施现状

随着测土配方施肥的推进与化肥使用量零增长行动的开启，国内很多省份结合自身实情，纷纷制定农业生产的减肥增效目标。就测土配方施肥而言，自2005年实施起到2013年年末，我国财政补偿为此累计支付金额已高达 71 亿元, 有 1.9 亿左右的农户接受过种植技术的免费培训与指导, 这在提高粮食产量的同时, 也使全国的经济作物种植面积迅猛增加。受财政紧张与技术推广成本降低的影响, 政府的测土配方施肥资金补偿呈现逐年下降或增速缓慢的趋势。尽管如此, 中央财政还是在 2016 年安排了 7 亿元的专项资金, 进一步推动测土配方施肥技术的推广。政府财政主要采用双向补贴即对农户进行价格补贴、对有机肥提供者进行运输成本补偿的方式, 激励农户提高有机肥使用率, 并借此加大对畜禽规模养殖排泄物的管理强度。同时, 我国选择一批重点县市, 围绕玉米等用肥量大的重要作物开展化肥减用试点, 并依托新型经营主体和专业化的农化服务组织, 借助政府购买服务的方式, 以推动化肥使用上的减量增效。同时, 还通过集中连片的方式推动整体化肥减施, 不断优化肥料的使用结构, 着力提升农产物施肥的科学化水平。

3.3.2.5 低毒生物农药推广与"三品一标"生态认证现状

为了实现农药使用量零增长的目标, 从 2016 年起, 我国开始探索农药施用的绿色防控。首先, 结合农作物重大病虫害统防统治的补助项目, 开展农药使用过程中的绿色防控, 不断加大农作物病虫的综合防治力度, 强化农药特别是高毒性农药的减量使用, 做好农药毒性的危害控制。其次, 加大农产物病虫害绿色防控技术的推广力度, 建立起一批农产物病虫害防治示范区, 在保护并利用蜜蜂授粉的基础上, 推广应用绿色防控技术, 以期实现农药施用减量与农产品产量增加、品质提升的多重目标。最后, 我国从 2011 年起开始选择一些园艺作物生产大县, 开展低毒生物农药使用示范补贴试点, 各区域结合具体情况推广使用低毒生物农药, 在实践中逐步形成了一些可复制可推广的经验。与此同时, 我国也有类似有机农产品认定的生态认证政策, 并提出对"三品一标"制定相对应的认证程序与认定标准, 但受价格、扶持力度等因素影响, 有关生态农产品的认定机制还没有全面推广开来。

3.3.3 我国农业生态补偿的主要特征

作为一种推动生态经济健康发展的制度安排, 农业生态补偿往往需要以财政、市场、税收、技术等调控手段来执行，我国的农业生态补偿在实践中主要表现出以下几个方面的鲜明特征。

3.3.3.1 补偿目标的双重性

农业生态补偿的实质是为了平衡农业生态系统受益者与破坏者之间利益平衡而制定出的一种对双方同时开展的政治或经济的补偿，其补偿的目的有两个且相辅相成：一是为了保持、恢复和改善农业生态环境；二是为了促进农业领域的可持续性发展。维护农业生态环境的终极目的是为农业生产提供良好的发展环境，促进农业经济效益的提高，而农业效益的提升又会反哺生态环境，为维护良好的农业生态环境提供充足的资金、技术等支持。如我国对退耕还林、退耕（牧）还草、降低农用化肥的使用等项目或行为进行补偿，这既有利于保护农业环境，稳定农业生态系统，同时也有利于优化农业资源配置，调整农业产业结构，提高农业生产力，提高农民的生活水平等，进而能够推动人与农业自然关系向着和谐、互利的方向发展。

3.3.3.2 补偿主体的政府倾向性

农业生态系统具有公共性与社会性的典型特征，因为农业本身的弱质性和基础性，在对原农业生态系统进行改造升级时可能会给一部分参与者造成一定经济损失。在农业生态补偿实践中，政府作为补偿活动的设计者与参与人，其也是补偿的主要主体。同时，企业、社会组织、个人也可能成为生态补偿的主体，如企业在使用和污染生态环境的情况下就会成为生态补偿的直接承担者。现阶段，我国的农业生态补偿主要依靠政府来引导，政府特别是中央政府在农业生态补偿政策的制定、执行及补偿资金投入方面发挥了主导性作用，这决定了现阶段我国农业生态补偿的政府倾向性，也使得其他社会主体对农业生态补偿参与的积极性不高。农业生态补偿本身是一个巨大的系统性工程，政府的力量毕竟有限，我国应纳入多元化的补偿主体，调动企业、民间团体和个人等的积极性，发动全社会力量来维护农业生态环境。

3.3.3.3 补偿客体角色的多重性

农业生态补偿的客体不仅包括农业生态利益受损者和农业生态环境的保护者，也包括为维持、恢复和改善农业生态环境的利益丧失者，这种客体不仅包括经济和物质利益的丧失者还包括机会利益的丧失者。以农民为例，由于其在农业生产环节中的特殊作用，他们既是农业生态环境的保护者，也是农业生态环境破坏的受损者，还是降低农业生态环境破坏的主要实施者，他们既要积极参与保护农业资源，又容易因农业生态环境被破坏而影响自身生产生活，还会因过度放牧、过度渔猎、过度开垦等行为导致农业生态系统被破坏。从社会公平理论来看，为维护社会的公平正义，生态利益受损者和利益丧失者都应得到应有的补偿；同时，对生态环境保护者进行补偿，则有利于发动社会力量参与农业生态保护。

3.3.3.4 补偿范围的特定性

农业生态补偿的范围主要是围绕农业生产与农业生态环境建设而确定的，常见的补偿对象包括退耕还林还草、环保型农业投入品使用、农业废弃物的循环利用(如农作物秸秆、畜禽养殖废弃物等)、保护性耕作、绿色农产品研发等。这些行为都是以农业生态系统长期健康稳定为前提而制定的，具有明显的农业属性。如我国现阶段实施的农业种植补贴就具有特定的补偿范围，主要涉及良种补贴、农资综合补贴、化肥农药补贴等与农业生产活动相关的补贴等。

3.3.3.5 补偿方式的多样性

我国早期的农业生态补偿方式以资金补偿和实物补偿为主，如《草原法》第48条规定："对在国务院批准规划范围内实施退耕还草的农牧民，按照国家规定给予粮食、现金、草种费补助。"这种直接补偿方式在一定阶段内可以缓解农业生态环境恶化问题，但是不能保证补偿款的落实与补偿资金的使用绩效。为了使农业生态补偿落到实处，近年来我国的农业生态补偿方式开始向着多样化的方向发展，出现了政策补偿(保护性耕作、农业面源污染防治等补偿)、智力补偿、技术补偿(增加农业基础设施建设的投资力度、加大农业科研、教育费用的财政投入、提高对农民的技术培训力度)等间接补偿形式。现阶段，针对不同地区的不同情况，这些多样化的补偿方式已能被政府部门灵活运用。当然，由于农业生态补偿本身的动态性，农业生态补偿政策的实施并不是一成不变，所以在后续的补偿实践中，需要结合新的补偿政策，根据具体情况及时创新补偿方式以提升补偿的效果。

3.4 我国农业生态补偿的成效与困境

3.4.1 我国生态补偿的成效与困境

在我国，党的十八大将生态文明建设纳入了中国特色社会主义事业的总体布局，党的十九大更是将"绿水青山就是金山银山"写入了党章。在中央和地方政府的共同努力下，我国的生态补偿在多个领域都有所尝试，也取得了一定的成效。但因为我国生态补偿工作比国外同类工作启动晚，从总体上来看，国内在有关生态补偿立法、生态补偿机制、生态补偿政策框架构建等方面仍处于探索阶段。由于缺乏统一的立法基础和中央层级的协调，目前我国生态补偿的主要特征是部分行业内生态补偿开展较快、省级行政区域内生态补偿趋于整合、跨行业综合型生态补偿发展较慢、跨省区与跨流域生态补偿协调难度较大。

目前，流域生态补偿已在我国省级层面顺利开展并得到有效推广，其在实践中主要有两种基本类型：一种是"水质提升补偿"，另一种是"水质恶化补偿"。在各方的努力与积极配合下，已初步形成了以流域生态保护为纽带的囊括农业、林业、工业在内的生态补偿范畴。现阶段，国内部分省份已经开始整合农业、林业、水利、环保等方面的生态补偿，出台了相应的地方生态补偿条例。但是跨省区、跨流域的生态补偿由于缺乏制度保障和中央的有效协调，还未形成成熟的综合性生态补偿制度，这正是随后一段时期我国生态补偿制度建设与政策实践需要进一步优化完善的部分。

3.4.2 我国农业生态补偿的成效与困境

针对农业发展"资源环境压力大"的状况，我国先后出台了不少政策与措施，但收效并不是很明显。20世纪90年代，我国借鉴国外的做法，引入了农业生态补偿机制，并通过补偿项目试点的方式在国内逐步推行农业生态补偿，以此来遏制农业生态环境的不断恶化。退耕还林、退耕还草项目作为启动较早的农业生态补偿项目，其行政主管部门比较单一易于协调，在中央财政资金的支持下，其补偿稳步有序推进，在制度化建设方面积累了不少有益的经验。但我国农业生态补偿起步较晚，相关法律政策不是很健全，大多数农业生态补偿项目的实践也不是太成熟。总体来看，无论是退耕还林、退耕还草，还是保护性耕作技术推广、秸秆综合利用、测土配方施肥与有机肥利用、低毒生物农药推广与"三品一标"生态认证等项目，我国现阶段也都是以国家财政直接补偿作为主导方式，这不利于农业生态补偿资金来源的拓展、补偿机制的建立健全、补偿制度的法制化建设以及补偿政策的优化与有效执行。

同时，我国现阶段的农业生态补偿主要采取的是"开源型"的补偿风格，这种以项目管理为依托的农业生态补偿，同重点生态功能区实施的补偿政策仍存在明显差距。由于农业生态补偿涉及部门较多，协调工作难度系数较高，目前尚未形成较为成熟的农业生态补偿制度与补偿机制。在近几年提出的纵横交错的转移支付措施实施中，农业生态补偿的受体也不是很明晰，这对农业生态补偿的效率与效果也产生了一定的不利影响。由于农业生态补偿"顶层设计"缺位，其在制度设计、补偿政策制定及实施过程中不可避免地会出现这样那样的问题。此外，农业生态补偿实践还要做好与其他生态补偿的配合与协调工作，这也需要权威的法律法规与强有力的政策体系为其提供保障与支撑。为此，建议引进"他山之石"，通过借鉴国外好的经验与做法，结合国情不断优化农业生态补偿制度，有效提高农业生态补偿政策的执行效果，不断提升农业清洁生产水平，有力地推动农业的可持续性发展。

第四章　国外农业生态补偿的做法与经验启示

国外不少国家特别是发达国家在经济高速发展时期也出现了农业生产功能和生态功能出现严重矛盾的局面，由此导致的农业环境污染问题层出不穷，如水土流失，农药污染，地膜滥用等。从 20 世纪 30 年代开始，以美国为代表的西方国家就开始了对生态环境恢复的探索，其在生态补偿方面的理论与制度研究起步较早、发展很快，到了 20 世纪七八十年代，美国、德国、日本等发达国家的生态补偿制度就已逐步成型，并在实务中指导着本国的农业生态环境保护以及与农业生产相关的生态补偿项目等。虽然他们用的不一定是农业生态补偿的概念，但其有关农业生态的补偿工作实际上早已有之，而且常常是和本国的农业环境政策、地区农村发展、农民增收等问题相联系。中国 21 世纪议程管理中心编著的《生态补偿的国际比较：模式与机制》一书中，对美国与欧盟等的生态补偿实践进行了详细的归纳总结；其他不少相关文献也对欧盟国家、美国、日本等国的相关实践与经验进行了较为详细的讨论，这些都为本章内容的深入研究奠定了重要的文献基础。

4.1　农业生态补偿的美国做法

4.1.1　美国农业生态补偿制度的演进

美国农业生态补偿制度大致经历了三个阶段。第一阶段主要是政府主导和控制阶段，这一阶段农业生态补偿制度并不完善，主要通过一些政策和立法来强制实施，由政府承担补偿服务费用。第二阶段即政府和市场双重激励的过渡阶段，这一阶段农业生态补偿开始逐步将经济杠杆融入生态补偿改革当中，建立了一些税收、租金以及补贴等各项原则和标准，这一方面得到了民众的广泛认可，另一方面也加强了社会各界对于生态保护的意识。第三阶段是农业生态补偿的精细化运作阶段，这一阶段由于农业生态补偿理论、农业生态立法等日趋完善，农业生态补偿在主体、类别、程序、内容等方面都得到了有效延伸，并且农业生态补偿的形式更加多样化且有所创新，利益相关方建立了良好的沟通桥梁和机制，使得农业生态补偿更加灵活、自愿，而这反过来又进一步繁荣了美国现有的农业生态补偿制度。

4.1.2 美国农业生态补偿的法律法规

美国是世界上较早提出农业生态补偿概念的国家，在实施农业生态补偿方面具有较长的历史。自 20 世纪 30 年代以来，由于大规模土地开发，美国出现了黑风暴事件，为了治理农业环境问题，逐步建立了农业生态补偿机制。从 1956 年到 1985 年，美国先后出台了《土壤银行计划》《耕地保护计划》《耕地调整计划》《土壤和水资源保护法》《清洁水法案》等方面的法律和政策。2002 年，农业法授权农业部实施土地休耕、湿地保护、草地保育、水土保持、环境质量激励、野生生物栖息地保护等方面的生态保护补贴项目。美国农业生态补偿的相关法律法规还包括《联邦农业促进和改革法案》《食品安全法案》《食品、农业、保护及贸易法案》等。美国农业生态补偿项目主要由每 5 年修订 1 次的农业法案设立，并借助于农业部下属机构与土地所有者合作，以契约的形式限定土地的使用权与使用方式，鼓励土地使用者采取环保的生产方式进行农业生产。

4.1.3 美国农业生态补偿的具体实践

美国实行的是农业环境补偿政策(Agri-environmental Payment Progroms，AEPs)，其包含一系列计划项目组合，如保护性储备计划(Conservation Reserve Program，CRP)、湿地储备计划(Wetlands Reserve Program，WRP)、农田和牧场保护计划(Farmand Ranch Lands Protection Program，FRLPP)、环境质量激励计划(Environmental Quality Incentives Program，EQIP)、草地保护项目(Grassland Reserve Program，GRP)、安全保护项目(Conservation Security Program，CSP)等。美国的农业生态补偿实践历史悠久，以下对保

护性储备计划、环境质量激励计划、湿地储备计划分别进行介绍。

保护性储备计划即土地休耕保护项目是以减少土壤侵蚀、制止水土流失、野生动植物保护等为目的，以鼓励退耕、休耕为主要内容；非常接近我国很多地区实施的退耕还林、还草项目，可以理解为一项针对土地的休耕计划。美国从 1986 年开始实施的土地休耕保护计划，是在政府补贴的基础上，农民自愿参加的美国联邦政府最大的私有土地休耕保护计划项目。该项目由美国农业部农场服务局（Farm Service Agency，FSA）主管，其补偿主体为美国联邦政府与地方政府，由政府财政进行长期资助，农场主或农户可根据自身需要决定是否参加补偿，所以其补偿客体为提出申请并通过相关流程筛选出来的农户，签约合同期一般在 10~15 年。参与休耕的农场主或农户可以从政府那儿拿到比从事耕作收益更多的地租补贴。如果农户在休耕地上植树造林或其他永久性植被，政府将补偿农户植树造林所需成本的 50%。在 CRP 实施过程中，其补偿目标以 1990 年为分界发生了一些变化。在 1990 年之前，CRP 的补偿目标较为单一，主要是为了防止土壤侵蚀以及提升土地的边际生产力，这样的补偿目标定位使得生态补偿的环境效益较低，补偿资金的利用效率也不是很高。为了解决这些问题，从 1990 年起，CRP 的补偿目标扩增，保护野生动植物种类、改善湿地环境和水体质量等目标也被纳入其内。美国的保护性储备计划是采取投标竞争的典型例子，政府通过一个环境效益指数（即 Environmental Benefits Index，EBI）对有意愿参加 CRP 的土地的环境价值进行评价打分，在当地竞争者中，得分最高的土地胜出，最终将得到补偿机会。2014 年农业法案即《农业改革、食品和就业法案》对原环境保护项目进行了大整合，其出台逆转了原有以政府补贴为主的农业支持政策，项目在实施时更趋向于市场化手段。此外，美国的宾夕法尼亚水质交易项目（Pennsylvania Water Quality Trading Program）将农业面污染源也纳入控制范围，并且允许农户交易氮、磷减排信用额度，该项目的实践更具有市场交易性质。

美国的环境质量激励计划于 1996 年由《联邦农业促进和改革法案》授权开始实施，目的是为解决 CRP 不能处理的耕地生态环境问题，以激励农户保护耕地生态环境。具体来说，就是由美国农业部自然资源保护局（NRCS）按照一定的方法，将 EQIP 资金拨付给不同的州，各州再根据自身情况，建立自己的评价指标来分配 EQIP 资金。其补偿主体为美国联邦政府与地方政府，补偿客体为提出申请并通过相关流程筛选出来的农户，通常是由政府与农业生产者签订实施水土保持措施的合同，并向其提供资金和技术支持，签约合同期一般在 1~10 年之间，具体是由美国农业部下属的商品信贷公司（Commodity Credit Corporation）来进行执行。EQIP 补偿主要包括两部分内容：一是农业生产者参与环保工程建设付出的实际成本，二是激励农业生产者加强土地环境管理的激励补贴，如灌溉水管理、粪肥管理、养分管理、害虫综合防治等，其补偿的思路是与采取保护性投入的农户进行成本分担。美国的农业法案规定，要对休耕土地提供奖励。农牧场土地保护项目主要利用资金补偿的形式进行地役权购买。农业法案规定，政府应向合格机构提供成本分担扶助，政府帮助其购买合格土地的农用价值及其他保护价值。其中，自然资源保护服务出资不超过地役权及其他权益市场价值的 50%，合格机构出资不能少于 25%，其余经费由土地所有者承担。

湿地储备计划即湿地保护项目。美国 WRP 在实施时，根据各州上一年度的项目情况和环境状况等指标分配资助资金，对保护地役权进行补偿，政府参照区域的土地价值水平或土地所有者要价的最低者，支付土地市场价值。对期限短于 30 年的地役权和恢复成本分担协议，提供 50%~75% 的成本分担；而对永久性地役权提供 75%~100% 的成本分担。1983年，美国政府开始实行"湿地补偿银行"制度，这种银行模式的制度创新对实现湿地资源的合理配置和生态补偿效益起到了积极的作用。1995 年，为了减缓湿地面积减少的速度，美国政府批准开办了缓解银行，目的是为进一步恢复、提高或保护现有湿地；而对于新建湿地，开发商可以购买湿地的"信用"存款，用来补偿项目发展造成的任何损失。

总体来看，美国实施的与农业生态补偿相关的项目都取得了显著的环境生态效益。其中，环境质量激励计划项目为低收入农业生产者提供了较高补偿，改善了农牧民的生产生活条件，改善了土壤、水质和野生动物的栖息环境；土地休耕保护项目有效地保护了野生动物的栖息地，减少了水土流失，净化了农业生产环境，为人们提供了登山、狩猎和钓鱼等场所，其环境效益与休闲效益都很高；而湿地保护项目则减少了水土流失，提高了土壤肥力，降低了河流污染，提升了美国湿地的整体质量。

4.2　欧盟及其主要成员国农业生态补偿的做法

4.2.1　欧盟农业生态补偿的总体概况

由于欧盟成员国公民对耕作景观有较为普遍的偏好，欧盟于 20 世纪 80 年代开始农业环境政策。早期的欧盟共同农业政策（Common Agricultural Policy，简称 CAP）中并没有相应的生态环境保护及其补偿规定。随着大量自然资源被消耗，各种污染性化肥和农药的过度施用，水源、土壤被污染，重要农业生态系统遭到破坏，农村贫困化与低就业率与农业生产过剩等问题导致财政负担日益加重。基于此，欧盟于 1992 年启动了以农业生态环境保护为目标的共同农业政策改革，形成欧盟新的共同农业政策。欧盟共同农业政策是在欧盟框架下，对农业生产进行补贴的一系列政策。1992 年，欧盟共同农业政策由补贴农产品向补贴农业生产者转变，同时将环境改善也作为补贴政策的目标之一，引入了一系列的农业环境项目和造林项目。

欧盟的农业生态补偿借助"新共同农业政策"展开，其对农村和农业发展注入了大量的财政资金，采取各种生态补偿形式来支持鼓励农业生产者采取有益于农业生态环境的生产经营方式，并通过调整农业生产结构来提供更多的农业生态产品。在欧盟的"新共同农业政策"下，欧盟的农业生态补偿主体主要为各国中央政府；补偿客体有两类，第一类是提出申请并通过相关流程筛选出来的农户，第二类是遵守相关环保规定的农户。欧盟国家执行和发展环境政策实现项目价值的重要金融支持是以环境金融工具（The Financial Instrument for the Environment，LIFE）为主导，其在欧盟森林资源的保育和修复中发挥了重要作用。当然，欧盟各国因国情不同，其农业生态补偿的执行机构也不尽相同，其中奥地利、德国、比利时三国是由联邦政府与地方政府协商，意大利、西班牙、英国三国实行的是区域分管，而法国、瑞典、爱尔兰、荷兰、丹麦、希腊、葡萄牙七国则是通过国家农业部门、食品和渔业部门来执行。

4.2.2 欧盟农业生态补偿的实践及其演进

4.2.2.1 农业补贴政策

欧盟的"新共同农业政策"明确将农业生态环境保护作为欧盟共同农业政策的第二大支柱，从而促使农业政策更多地关注农业环境保护与动物福利。欧盟"新共同农业政策"涉及的农业生态补偿主要是从收入补贴、农村发展计划下的农业环境补贴等方面展开。

就收入补贴政策而言，1992 年欧盟对其农业保护政策进行了系统改革，与过去的价格支持为基础不同，调整之后的机制为以直接补贴和价格为主。根据"2000 年议程"的相关条款和规章，欧盟对农产品支持价格再次下调，提高生产者的直接补贴。2003 年 6 月，为了降低农产品剩余数量，平衡农业财政收支，欧盟进一步改革其农业支持工具，通过直接补贴来替代支持价格。目前，欧盟的收入补贴政策包括：补偿性补贴、其他直接补贴、单一农场补贴。其中补偿性补贴对农场主或农户等农作物生产者直接进行补偿，计算补贴率时，主要根据该区域农作物历史平均单产及农场主(农户)的种植面积来核算，进行补贴的同时，降低农产品的支持价格；其他直接补贴主要用于支持畜产品(包括羊肉、牛肉、奶制品等)生产者，在具体操作时，完全不考虑现实价格的影响，而根据牲畜饲养数量直接进行补贴；单一农场补贴则是根据 2003 年 6 月的 CAP 改革方案，构建以单个农场补贴为主的直接补贴体系，逐步替代上述两项计划。2008 年，单一农场补贴在欧盟地区得以全面普及。

就农村发展计划下的农业环境补贴政策而言，为了改善农业环境效益，必须大力发展生态农业。但农户进行生态耕作时往往会降低自身的收入，积极性不高。因此，在农村发展计划下，为了实现环境保护和农户收益的双赢，欧盟对生态农业的环境效益进行补贴，弥补农户发展生态农业的收入减少和成本增加。农业环境补贴依据种植面积、作物和土地类型进行计算。关于农业环境补贴，欧盟对补贴上限进行了明确规定，但如果遇到特殊情况，如为了减缓气候变化，或者保护生物多样性，补贴上限可以适度上调。除直接的农业环境补贴外，欧盟还制定了其他措施来扶持生态农业发展，如食品质量计划、培训与咨询业务、农场现代化、农产品营销投资、开发旅游项目等，极大地提升了欧盟生态农业的市场竞争力。

综上，欧盟共同农业政策是在欧盟框架下，对农业生产进行补贴的一系列政策。1992 年，欧盟共同农业政策由补贴农产品向补贴农业生产者转变，同时将环境改善也作为补贴政策的目标之一，引入了一系列的农业环境项目和造林项目。因为欧盟各成员国之间既相互作用，又保持相对独立，所以其具体的农业补偿做法也会有所差异。如德国政府设立了复垦专项资金，对矿区的生态环境进行补偿，要求新开发矿区业主预留企业年利润的 3% 作为复垦专项资金，用于因开矿占用和破坏的森林、草地等面积异地恢复；同时，德国政府为鼓励金融机构参与农村信贷，对生态农业、环境保护等领域实行农村信贷利息补贴，或是减少存款准备金比例。英国采取了"北约克摩尔斯农业方案"，通过国家与农户之间的协议明确国家责任，划定区域内的生态补偿标准和区域间土地补偿标准；英国合作银行的绿色抵押贷款将信贷价值和环境友好型投资结合起来，每年会对关注气候公司拨款；法国政府对符合国家发展战略的农村贷款项目，通过降低利率、发放贴息贷款等政策来鼓励农业投资，促进农业可持续发展；而瑞士提出了"生态补偿区域计划"，将农业经济发展与农业生态环境保护相结合，主要制定实施了生态补偿区域和生态补偿税两项计划，目的是增强农业生态环境的健康状况，提高农业生产力进而增加农业经济收入。

4.2.2.2　补偿支付机制

欧盟"新共同农业政策"涉及的农业生态补偿支出主要依赖国家和地区投入，并不与农民分担成本，且其农业环境付费取决于农业投入和技术使用，不论影响如何最终所获得的补偿都是相同的。在各成员国之间，农业环境补偿支付多少与国家农业外部性大小呈正相关。和美国相同，欧盟对农业环境政策的监测与监督相对于服务更加重视农业土地利用活动。在欧盟共同农业政策下的环境政策中规定，欧盟成员国都规定有良好耕作的红线，只有达到该标准，农民才有资格获得第一支柱部分的补助；在达到更高的环境标准后，可以获得更高标准的补助。随着社会的发展、经济与科技的进步，欧盟各国越来越重视农业生态环境保护，不仅逐步加大相应的财政支持力度，而且支付方式也在不断创新。因为原来的补偿额度是由政府预先确定下来的固定额度，其不能反映农户提供生态服务的机会成本，加上信息不对称，这种固定额度的补偿方式不能充分激发农业生产者生产生态产品的积极性。

为了高效合理利用与保护土地资源，欧盟理事会于 2005 年 9 月通过第 1698/2005 条例，授权欧洲农村发展基金会支持农业可持续发展，并将"拍卖"作为多年度财政预算计划下的农业生态环境保护项目的支付工具。欧盟农业生态产品的拍卖价款即生态补偿支付水平，以农民提供的生态产品的结果为基础，而不是仅以农民提供生态产品的行为为基础。这是一种新型的奖励或补偿农业生态服务，并基于服务结果给予奖励或补偿的支付机制，其根据经济效益和环境效益的双重标准，由市场来确定农业生态产品的生产者及相应的补偿额度。关于排放许可交易和生态服务信用额度交易，欧盟有专门的欧洲碳排放交易市场，其补偿可通过投标竞标方式来获得，这有利于用较低的成本购买生态服务或生态产品。

首先是氮、磷排放许可或减排信用额度。其中加拿大的安大略南国河总磷管理项目（OSNTPMP）是目前实施效果较好的水质交易项目，它要求流域内新扩建项目通过帮助农业面源污染减少磷排放来获取污水排放许可，但该计划主要针对工业和城市建设项目的磷排放总量控制，农业只是作为生态服务的供给方。其次是"碳汇"交易。"碳汇"交易是目前市场交易量最大、交易最为广泛的生态服务产品。其中土地利用和林业项目所产生的碳汇交易是一种农业生态补偿模式，土地利用和林业"碳汇"项目在产生碳信用额度后，经过认证就可进入市场参与交易。目前新西兰排放交易计划已经将林业"碳汇"纳入排放交易体系，土地所有者可通过在符合要求的土地上造林获取碳信用额度，这种碳信用额度可通过多种方式出售给需要履行减排义务的主体。其次是生物多样性信用交易。从 2007 年开始，澳大利亚新南威尔士州实施生物多样性储备和占补计划（Biodiversity Banking and Offsets Scheme），其实质上是一个管制型生物多样性信用额度交易市场，但该计划规模小、进展慢，愿意参与的主体不同，购买的生物多样性信用额度无论是交易数目还是交易金额都不是太高。

总体来看，欧盟的"新共同农业政策"在农业生态补偿方面确立了"交又履行"的机制，要求农业生产者在完成农业生产任务的同时，确保农业环保标准得以履行。为此，相关政府向农业生产者支付的生态补偿额度不再与其产量挂钩，而是更看重农业生产者对环境保护标准的遵守情况。作为一种新型的奖励或补偿农业生态服务，欧盟的农业生态产品的拍卖价款即生态补偿支付水平，以农民提供的生态产品的结果为基础，而不是仅以农民提供生态产品的行为为基础，根据经济效益和环境效益的双重标准，由市场来确定农业生态产品的生产者及相应的补偿额度。

4.2.3 欧盟成员国德国的农业生态补偿做法

4.2.3.1 补偿立法

德国非常重视农业环境保护，在农业发展过程中，制定了《种子法》《物种保护法》《肥料使用法》《自然资源保护法》《土地资源保护法》《植物保护法》《垃圾处理法》《水资源管理条例》《生态农业法》等相关的法律法规。

德国在农业发展与农业环境保护过程中，其生态补偿机制也在不断地修正与完善。1966 年，德国的莱茵兰普法尔茨州率先制定了《土地规划法》，规定建设项目应做到侵占生态功能与生态补偿平衡。随着这一理念不断得到推崇，1976 年，德国颁布了第一部《联邦自然保护法》，生态补偿的法律地位在国家层面得以确立。随后，各州也都先后制定了本州的《生态补偿条例》和相关管理制度等，明确了生态补偿的主体、补偿的类型、补偿的程序、补偿的方式、实施监管和不落实生态补偿处罚等规定，以促使各部门与相关利益者明确自身职责，各自严格履行义务。同时，政府为各类建设项目提供了更加灵活的生态补偿制度，如德国在 16 个联邦州中规划了 69 个生态补偿区域的"自然区域总元"，侵占者只要选择补偿区域与建设项目土地间所具备某种空间联系，并以同等生态指标进行补偿或以恰当方式对景观进行重塑，就算完成了补偿义务。

德国的生态补偿立法与补偿政策不断完善为其开展生态补偿提供了有力的法律保障，以森林生态补偿为例，与其相关的补偿法律制度就有《联邦环境保护法》《联邦森林法》《联邦自然保护法》《联邦种苗法》《联邦狩猎法》《森林损害补偿法》《非法采伐木材贸易法》《持续生态税改革法案》《土地买卖法》和《建筑法典》等。

4.2.3.2 补偿内容

德国农业生态补偿主要针对有机农业、粗放型草场使用、多年生作物放弃使用除草剂，这三种类型在生态补贴的享有方面有严格的条件。在德国，有机农业发展较快，政府农业部门对有机农业的发展提供免费咨询和技术服务。农场实行标准化生产，必须符合有机农业标准，农产品贴有机食品标签。有机农业补贴要求农场的所有生产活动必须全部按照有机农业标准进行，所有产品都要符合生态农业标准，并贴有机食品标签。粗放型草场使用补贴要求草场每公顷的载畜量不能超过 1.4 头大牲畜，最少不少于 0.3 头大牲畜；必须大幅度减少化肥和农药的使用，并且不能转变为耕地。对于多年生作物放弃使用除草剂的，如对葡萄、梨、苹果等多年生作物，农户或农业企业如果放弃使用除草剂的，可以给予一定的补贴。

目前，德国农业生态补偿实践情况良好，农业生态环境改善明显，农业化肥使用量减少，氮素环境污染有所缓解，有机农场面积不断扩大，粮食产量也有所提升，表明其生态补偿措施对保护农业耕地质量、提高粮食综合生产力发挥了重要作用。

4.2.3.3 补偿手段

德国政府对于自愿遵守有关环境保护规定、采取环境友好型生产方式的农业企业，实施农业生态补偿并给予一定的奖励。现阶段，德国的农业生态补偿机制是一种复合型的补偿机制，主要表现为政府补偿为主、市场补偿为辅。也就是说，德国的农业生态补偿以政府购买为主，政府购买以农业生态补偿的形式呈现，目的主要是通过政府的调节和干预鼓励发展环境友好型农业。德国农业生态补贴的资金来源主要有三个，即欧盟、德国联邦政府、州政府，农业生态补贴的计算基础是以前的收入和采取农业环保措施所需要的经费，其农业生态补贴的方式主要有三种，具体如下。

一是直接补贴。这是对降低支付价格的补偿，包括常规补贴和特殊补贴两部分。常规补贴包括保证土地性质不变、实行环保的生产方式等，其是按土地面积来计算的，农业企业只要按照相关规定实行有利于环境保护的生产方式，就可以享受补贴，标准为每公顷 300 欧元。特殊补贴是对在农业生产过程中对环境保护有特殊贡献的农民或者农业企业进行的一种补贴，主要针对坡度大、气候差的地区，实施野生植物与动物保护，畜禽自然放养，建造符合环保要求的牛棚等对农业环境保护有贡献的，可根据实际支出或损失申领特殊补贴。

二是生态转型补贴。从事生态农业经营的收入水平与"传统型农业"相比，大约会低 7% 左右，为了弥补农业经营转型以及转型后维持造成的损失，德国政府对此实施了转型与维持补贴。补贴的具体标准为：多年生农作物每公顷 950 欧元；蔬菜每公顷 480 欧元；一般的种植业和绿地每公顷 210 欧元。另外，政府还对生态型农场实行生态经营维持补贴，以弥补生态型农场从事生态农业经营所减少的收入，保证生态农场的正常运营。这种补贴按年进行，其标准为：蔬菜每公顷 320 欧元；一般的种植业和绿地生产每公顷 160 欧元；多年生农作物每公顷 560 欧元。

三是其他补贴。除了上述几种农业生态补偿政策外，政府还实施其他农业生态补贴政策，如土地休耕补贴政策规定，全国 10% ~ 33% 的耕地实行休耕制度，休耕土地每公顷给予 200 ~ 450 欧元的补贴；退耕还林(草)政策规定，对于那些不适宜进行农业生产并造成水土流失的土地，可以退耕还林(草)，由政府给予最长 20 年的补贴。

4.2.3.4　补偿特点

一是环保与补偿挂钩。德国的农业生态补偿一般都与相应的环保措施相挂钩，补偿项目在开展中具备延续性。二是全面生态补偿。开发建设项目占用土地，影响地表水或地下水、气候与空气、动植物、景观及其休养功能等，只要造成生态系统功能或自然景观价值损失的，都要进行补偿。三是严格分级管控。项目建设行政许可按"避让、侵占、补偿"递进层次进行管控，要求专业单位对项目建设拟"侵占"情况进行实际评估，有针对性提出避让侵占、少侵占甚至不侵占的举措。四是多种补偿方式。常见的补偿方式有原地补偿、易地补偿、缴费补偿以及组合式补偿，要求尽可能进行原地补偿，若无法进行要经主管部门批准才能进行易地补偿或缴费补偿。五是发挥市场机制作用。在州级政府主导下，德国建立了生态补偿指标交易市场，生态指标交易范围均限定在州域内；当地政府作为监督者，主要负责跟踪生态指标在生态补偿中的"抵扣"情况。五是实行全程监管。对纳入补偿空间的，要从补偿之日起的 25 年里不能改变其所定的空间用途；政府主管部门要全面监管补偿中涉及的专业评估、预防措施、补偿落实、补偿经费使用等环节，以确保农业生态补偿能履行到位。

4.3 日本农业生态补偿的做法

4.3.1 日本农业环境法规体系的建立健全

日本政府非常重视法律法规对农业环境政策的保障作用，建立了完善的环境法规体系。如《食物、农业、农村基本法》是日本指导农业可持续发展和振兴农村经济的总法。另外，还出台了很多专项配套法规，如《化学肥料管理法》《持续农业发展法》《家畜排泄物管理法》等。除了对农业环境法律体系进行完善外，日本政府还出台了许多制度和标准，来与法律进行配套。例如在 2000 年，为了加大对有机食品和农产品的监督力度，以及对农业经营者的生产行为进行规范，日本政府修订完善了《农林物资质量表示和规格化标准法》，即 JAS 法，出台了《有机 JAS》，将有机农产品的生产和加工全过程统一纳入该法管理。为贯彻落实《有机 JAS》，日本政府还出台了《促进有机农业的基本方针》，以及《有机农业促进法》等一系列配套制度及法规，使日本的有机农业得到了飞跃式发展。

4.3.2 日本农业生态补偿的具体实践

4.3.2.1 推广环保型技术体系

日本非常重视农业教育和科研的投入，将科技作为环保型农业突破口，强调产学研之间的配合，大力发展新型农药、农业生物技术、病虫害的生物防治、新的栽培方式等，通过经济补贴的方式积极推广使用上述技术。目前，日本重点补偿的环保型农业包括三种：一是减量型农业，通过降低农业生产中化学肥料和化学农药的使用量，有效减少环境污染，使食品中的有毒物质含量显著下降；二是废弃物循环利用型农业，加大对畜禽粪便、农作物秸秆等农业废弃物和有机资源的循环高效利用，预防空气、土壤、水体污染，减轻环境负荷，推动循环农业发展；三是有机农业型，在农业生产过程中完全不使用饲料添加剂、化学农药、化学肥料等外部物质，利用动、植物自然生长规律，使农业生产与环境保护和谐统一。

4.3.2.2 建立环保型农业认证体系

一是开展有机农产品认证。日本的农林水产省负责有机农产品标准和法律的制定和实施，有机农产品认证程序很严格，涉及的各环节即双层申请、双向调查、双审认定、发证监管都严格把关。只有通过国家级有机农产品认证后，企业销售的农产品包装上才可以印上"JAS"字样及相关图案。二是开展生态农户认证。日本政府于2003年开始实施生态农户认证制度，农户获得认证后可以获得税收优惠，以及最长可达12年的无息贷款支持。另外，生态农户如果购买农业机械等农业生产设施，政府将给予50%的资金扶持，并且还可以享受为期一年的税收减免。对于经营效益好、生产基地面积和销售金额较大的生态农户，政府可将其生产基地提升为有机农产品国家级示范基地、国家级农业生产技术培训基地等，以提升这些生态农户的社会服务功能。

4.3.2.3 注重对农业生态的金融补偿

日本政府1953年成立了政策性金融机构———农林渔业金融公库（2008年3月，与其他3家政策性金融机构合并成立了日本政策性金融公库），开始对农业生态进行金融补偿，信贷资金主要投向农地开垦、改良和灌溉、经营设施等生态建设；划拨一部分农业改良资金，专门用于推进发展环境保护型农业，都道府县作为补偿主体，向服务环保型农业的农户发放无息贷款。现阶段，日本的农业生态补偿体现为政府通过补贴支持农民采取环境保全型农业生产方式，其具体实施方式是政府把环保型农户作为载体，采用贷款、税收优惠、补贴等资金补偿和政策补偿形式来推进。

4.4 发展中国家农业生态补偿的主要做法

农业生态补偿项目在一些发展中国家也在大量推进着。目前在尼加拉瓜的马蹄古斯布兰卡地区、哥伦比亚的金蒂奥地区，以及哥斯达黎加的埃斯帕萨地区同时开展着的"区域农牧复合生态系统（Regional Integrated Silvopastoral Ecosystem）"项目实践。该项目由国际粮农组织（Food and Agriculture Organisation，FAO）主办，全球环境基金（Global Environment Facility，GEF）资助，世界银行作为总的执行机构，各地方非政府组织（NGO）具体实施，项目总投资450万美元。21世纪议程管理中心对尼加拉瓜的实践做了较为详细的总结：该项目同样是通过农户申请来确定补偿客体，合同周期为四年，在2003年，该项目以生态系统服务指数ESI（Environmental Services Index，ESI）作为基准线进行了首次补偿，这种做法类似于美国保护性储备计划中的环境效益指数EBI。而在哥斯达黎加同时进行的这一项目，其支付额每年比尼加拉瓜的支付标准要高出不少。在哥伦比亚的金蒂奥地区开展的"区域农牧复合生态系统（Regional Integrated Silvopastoral Ecosystem）"项目始于2006年，这一地区项目是由可持续农业生产制度调查研究中心、哥伦比亚非政府组织自然基金具体设计执行的，由于资金有限，该地区的项目参与者有80户农户。项目首先由农户自愿提出申请，并通过筛选将一些符合模式、农业生态条件等方面的农户作为对照组，以此评估项目效果。此外，一些发展中国家学习发达国家的做法，在农业生态补偿中也设立了农业生态补偿的专项基金，如哥斯达黎加的森林生态补偿制度由国家森林基金负责执行；厄瓜多尔首都基多为了保持上游水土及保护生态区，成立了流域水土保持基金。

4.5 国外农业生态补偿经验的总结

总体来看，国外发达国家的农业生态补偿从法律制定、实施到监督管控都有严格的操作标准，这对农业生态环境保护发挥了重要作用，其在农业生态补偿方面有成熟稳定的框架、比较健全的农业生态补偿法律法规、多样化的农业生态补偿模式、坚实的农业生态补偿财税与金融支持、比较合理的农业生态补偿程序以及灵活的农业生态补偿支付机制。

4.5.1　国外农业生态补偿法律法规的建立健全

健全完善的法律法规体系是农业生态补偿有效实施的重要保证，以美国和欧盟为代表的西方发达国家已经形成了比较成熟的农业生态补偿法律体系，其相关的法律法规涉及农业生态的各个领域，如种子、肥料、物种保护、垃圾处理、自然资源保护及土地资源保护等；同时，针对生态农业的补偿标准、补偿主体、补偿对象、信息服务等工作，其都有比较规范的规定。如美国《农业法》《农业援助法》等大量农业生态补偿方面的成文法律，形成了较为成熟的法律体系；日本的《食物、农业、农村基本法》《农业污染防治法》《可持续农业法》等法律都对农业生态补偿制度有明确的量化规定，这都为生态补偿机制的建设提供了有力支持；欧盟中的代表性国家德国构建了《种子法》《自然资源保护法》《物种保护法》《土地资源保护法》《植物保护法》和《水资源管理条例》等较为健全的法律法规体系，并公布了种植业与养殖业的生态农业管理规定，其《有机农业法案》对有机农业采取了更严格的标准和规定。

当然，政府在建立健全农业生态补偿法律法规体系的同时，还要负责构建农业生态补偿的相关政策及补偿流程等，因此，农业生态补偿管理必须要由相应的政府部门和机构进行响应。以美国为例，其将集权与分权进行结合，推行对农业生态补偿的垂直与横向的双重管理，这在很大程度上保证了农业生态补偿体系的关联性和整体性，有利于将不同的利益群体融入农业生态补偿的大框架下。

4.5.2　国外农业生态补偿界限与补偿标准

4.5.2.1　补偿界限

农业生态补偿行为的发生是一个双向行为，补偿的界限包括补偿主体、补偿受体的范围。美国生态补偿机制发展较早，对生态补偿的理解比较深刻，其生态补偿主体、受体的认定更加符合市场原则，很好地履行了"谁受益、谁补偿；谁破坏、谁修复；谁保护，谁行权"的补偿理念。其补偿的主体、受体认定原则只依据法律层面上的义务权利关系，对"谁"的属性不做限定。这使得美国的农业生态补偿主体、受体多元化，而且可以互为主体受体，其中"谁"可以包括自然人、企业、社会组织以及政府等。一方面，政府可以作为农业生态补偿主体，利用国家公共支付体系对农业生态地区周围的人民进行经济补贴，减少农业耕地对农业的侵蚀和破坏，同时政府也可以作为农业生态补偿的受体，对使用农业自然资源的企业、组织、个人征收环境服务费以及环境税等。另一方面，美国在农业生态补偿主体、受体认定的过程中，会全面考虑各方利益群体，农业生态系统的建设者、使用者、保护者、管理者以及公共服务者。

4.5.2.2 补偿标准

国外不同国家在确定农业生态补偿标准时，采用的方法不尽相同。如美国以成本分摊法为基础，哥斯达黎加用的是机会成本法，芬兰用的是自然价值法等。总体来看，美国、欧盟等的补偿标准在确定时比较科学。美国的农业生态价值体系包括环境资源实物统计量、资源耗减、损失估价等，其借助较为先进的科学技术及时监测生态环境中的各项指标体系，这为科学判断环境收益损失奠定了基础。在计算方法方面，美国主要根据监测结果估算要恢复到一定功能指标需要投入的成本，同时也参考地域性的差异和时间动态差异，并且主体受体之间存在一定博弈。在美国，农业生态补偿标准取出租金率是一个因地而异、因时而变的数值，其针对特定补偿客体最终确定的补偿标准通常是多种因素合力作用的结果。而以拍卖为支付工具的欧盟环境保护政策体系强调以结果为基础，生态补偿额度的高低取决于其提供的生态服务产品的质量。欧盟的农业生态产品质量可通过法定透明的农业生态产品标准加以界定，这是衡量与确定农业生产者所提供的农业生态产品商品价值和使用价值的科学基础，也是公共财政补偿资金得以合理使用与控制的客观标准。

4.5.3 国外农业生态补偿的主要模式

基于对国外有代表性的发达国家、发展中国家农业生态补偿做法的分析与理解，发现国外农业生态补偿的常见模式主要有以下几方面。

4.5.3.1　政府补贴

目前，绝大多数农业生态补偿都属于政府补贴模式，政府向土地所有者提供补贴以鼓励其减少农业生产对生态环境的负面影响，保护相关的生态系统功能，提高生态服务的供给。根据定价机制不同，政府补贴的农业生态补偿项目又可分为固定标准补偿协议、直接协商的补偿协议、投标补偿协议。在实践中，农业生态补偿政策往往会同时采用多种定价机制。比较有代表性的是欧盟共同农业政策（CAP），以及美国的土地休耕计划（Conservation Reserve Program）。

4.5.3.2　排放许可交易和生态服务信用额度交易

尽管生态服务作为公共物品缺乏排他性且难以度量，无法像普通商品一样在市场上自由交易，但是随着国际和区域减排计划的开展以及环境服务相关产权立法的发展，各种与污染排放和生态服务相关的配额计划和信用额度登记制度迅速发展，出现了多种排污许可和生态服务信用额度交易市场。目前，按照产品类型分，包括氮、磷排放许可或减排信用额度（Nitrogen/Phosphorus Emissionsal-lowancesor Emission sreduction credits）、碳信用额度（Carbon credits）、生物多样性信用额度（Biodiversity credits）等。

4.5.3.3　生态标签

生态标签（Eco-labels）是利用市场机制进行生态补偿的重要工具，由政府或独立第三方依照一定环境标准对产品的生产、销售等环节进行验证，认可后发放认证标签，如有机农产品认证、森林认证都属于生态标签。在市场上，愿意为生态环境保护支付费用的消费者通过较高价格选择购买具有生态标签的产品，实质上是向产品生产者支付了额外的生态服务费用。目前主要的国际农林产品生态标签包括森林管理委员会（FSC）的认证体系和森林认证认可体系（PEFC），此外还有国家和地区性的认证体系，如荷兰的 SkalEko，法国的 AB（Agriculture Biologique），德国的 Bio-Siegel 等。

4.5.3.4 生态服务使用费

如果生态服务的受益群体比较明确，具有较强的排他性和非竞争性，可以采取针对受益群体收取生态服务使用费的形式来补偿服务提供者的成本损失。如，法国伟图（Vittel）矿泉水公司为避免当地农业集约化引起水源地硝酸盐含量上升，直接与流域内的农民签订补偿协议，提供长期的经济补偿和资助促使他们采取放弃玉米种植、降低载畜量、采用堆肥代替化肥和农药等措施降低水源地的硝酸盐含量。除了双方直接协商外，还有由政府、非政府环保组织和当地社区等充当中介签订协议、收取费用同时监督生态服务的提供。如英国上游思维项目中，西部河流基金会作为中介撮合西南水务公司向流域内的农民提供生态补偿以改进土地利用。总体而言，这种通过协议收取生态服务使用费进行补偿的案例广泛存在于世界各国，但其具有很强的地域性，往往局限于特定的流域，并且需要完善的产权制度支撑。

4.5.4 国外农业生态补偿的财税、金融支持

4.5.4.1 政府主导与市场调节相结合

在国外农业生态补偿体系中，市场机制与作为补偿主要购买方的政府互为补充，政府干预弥补了市场机制存在的缺陷，市场调节又降低了政府干预的局限性。如日本的制度贷款与担保、墨西哥的补偿基金、德国的专项基金都是以政府为主导的生态补偿方式。在生态服务付费方式中，日本政府将把环保型农户作为载体，采用贷款、税收优惠、补贴等形式来推进农业生态补偿制度。国外有些国家和地区还通过建立专门的信托保险和相关基金这些基于市场交易的生态补偿机制金融手段，以达到促进生态补偿机制发展，维护生态系统平衡和提高环境质量的目的。欧盟在基金和信贷方面的支持有效引导了生态农业经营主体的自发性投资。美国农业生态补偿体系以政府为主导，市场调节为辅助，联邦政府投入资金的同时也鼓励农民自己参与市场运作，按照 SMART（Specific、Measurable、Attainable、Relevant、Time-based）原则实现最优补偿。可见，政府的支持和市场的调

节两种方式相互依存、相互补充，共同作用于农业生态补偿目标的实现。

4.5.4.2 投融资渠道多元化

投融资渠道是生态补偿目标实现与否的关键，多元化的投融资渠道是保证农业生态补偿有效运行的重要条件。如德国在实践中不断完善生态补偿财政转移支付，促进流域或区域间的生态保护修复；并通过持续完善税收征管制度，进一步拓展用于生态补偿资金的来源。哥斯达黎加的《森林法》为国家森林基金规定了多样化的资金来源，如国家投入资金、与私有企业签订的协议、项目，以及来自国际国内机构的贷款、捐赠，国际债务交换、金融市场工具等。法国政府通过低融资门槛、较宽松标准，准许并积极引导不同渠道、不同种类的资金参与生态农业服务，以缓解本国生态农业发展中的资金困境。美国庞大的农业信贷系统和健全的金融机构体系为农业生态补偿资金提供了稳定的来源和宽泛的渠道。

4.5.4.3 农业生态补偿金融体系较完善

层次分明、结构合理和职能明确的农业生态补偿金融体系，能够有效协调各个组成部分的关系，是农业生态补偿机制金融支持的基础。由基层农村金融组织、商业银行以及全国性调控机构共同组建的金融体系，是国外发展生态农业的主要依托。如日本的农业金融组织体系由农村互助合作金融和政府政策性金融两部分构成，政策性金融负责把政府的农业金融政策和目标具体化，而具体的业务由民间的合作金融组织开展。这样层次清晰、主次分明和职能明确的农业金融体系，不仅最大限度地满足了发展生态农业的资金需求，还为农业的发展提供了有力的保障。

4.5.5 国外的农业生态补偿程序

农业生态补偿启动是补偿程序的源头，一般分为依职权启动和依申请启动，前者强调补偿主体对受体补偿的主动性，而后者强调补偿受体提出享有权利和补偿申请的主动性。目前世界范围内大多数国家的生态补偿程序都是由政府主导，不少国家都对农业生态补偿规定了严格的程序，主流的补偿程序一般是由当事人申请开始，如美国、德国等，补偿程序主要包括申请与检测、检测评估、进行补偿几个阶段。

以美国为例，其主要采用依申请启动生态补偿程序。由于美国的主体、受体以及补偿形式都没有严格意义的限制，只要能够有效实现相关利益群体平衡即可，因此，多样性决定了美国的补偿程序主要是基于市场的行为，申请人需要对自己的申请做出详细阐述，政府和机构只需根据补偿申请人提出的申请内容进行审核、评估以及程序的流转。因为美国设置了专门的农业生态补偿牵头主管部门，补偿受体在提出补偿申请后，其申请能及时得到处理；再加上其他各部门间权责分工清晰，工作配合有一定保障，这有利于农业生态补偿综合治理与管理职能的有效发挥，也有利于吸引更多的相关利益方积极参与到农业生态补偿中来。

德国的农业生态补偿程序实行的也是当事人申请方式，通常是由符合生态补偿条件的农户或农业企业主动在网上提出申请，填写申请表；德国农业部委托地方农业行业协会具体负责对申请补偿农户或农业企业进行评估检测，地方农业行业协会在对申请补偿的土壤背景值和样品等进行检测后，出具检测报告；对检测合格的农户或农业企业报州农业部门进行审批；各州农业部门审批通过后，由相应的补偿主体按有关标准对合格的农户或农业企业实施补偿。

4.5.6 国外农业生态补偿的支付机制

因为生态补偿支付机制要能反映生态修复成本合理的动态变化，应该随着国内外经济社会和科学技术的变化而变化，使相关主体在提供农业生态产品的同时，也能够得到与变化的经济社会相适应的合理的收入水平。从理论层面来看，欧盟农业生态补偿拍卖支付机制在一定层面和角度拓展了物权法学和经济学等学科的基础理论；从实践层面来看，欧盟农业生态补偿拍卖支付机制作为刺激性的经济手段，有利于服务型市场的培育，有利于推动农业生态环境保护政策的高效和谐运行。

现阶段，世界上不少国家的生态环境保护仍然以监督管理而不是以市场为基础，但是从理论上看，以市场为基础的支付工具在环境保护政策中的应用将会使财政资金的支出更有效率。美国农业生态补偿采用的是政府和市场相结合的方式，政府主要有针对性地提供政府补贴，而在实际操作中则更加注重发挥市场的调节作用，并通过不断地优化市场机制和合理配置资源，来给生态产品或生态服务市场提供更多的灵活性，如农业银行补偿制度、农业租赁、替代补偿、交易买卖等。当前美国既可以通过转移支付等手段实现地区上下游间的横向补偿，也可以通过市场交易等方式减少因机会成本较高而造成的发展缓慢，以此来支撑相对良好运行的农业生态补偿循环体系。

4.6　国外农业生态补偿经验对我国的启示

国外发达国家如美国、德国、日本等农业生态补偿起步较早，其相关理论上研究与实践做法都较为成熟，在补偿法律法规的建立健全、补偿界限的划分、补偿标准的确定、补偿模式的选择、补偿的金融支持以及支付机制的运用等方面都积累了一些有益的经验，值得我们学习与借鉴。尽管美国、欧盟、日本、德国等发达国家的做法不尽相同，但其经验表明，制定法律法规是建立生态补偿机制的前提，实行技物结合是生态补偿可持续的重要支撑，加强监管是确保生态建设成果的必要手段，充分利用市场机制和多渠道的融资体系是稳步推进农业生态补偿成果转化的主要途径。

4.6.1　农业生态补偿政策制定方面

4.6.1.1　农业生态补偿目标要多元化

农业生态补偿制度的首要目标即基础性目标是恢复和保护农业生态系统环境，其可以分解为对农业生产正外部性的补偿和对农业生产负外部性的避免。如美国政府认为退耕还林、退耕还牧在还原自然状态的同时有利于获得更大的环境价值，在其农业生态补偿计划中，其更倾向于对农场主因减少农业生产负外部性做出牺牲的补偿；而欧洲国家更看重农业生态系统的景观价值，其农业生态补偿制度更多体现出对农业生产环境正外部性的补偿。这两种既存在差异性又相互补充的农业生态补偿目标都具有相对的合理性，因为其都是建立在各自国家不同的国情和文化价值之上的。除基础目标外，国外的农业生态补偿计划还涉及其他目标。如对改革生产模式的行为或项目进行补偿，以促成生态农业的转型发展；对农业技术革新和新技术的推广应用进行补偿，以提升农业生产效率、提高农民的收入水平。

4.6.1.2 农业生态补偿方式要灵活多样

国外在长期农业生态补偿实践中已形成了以政府购买为主、设立专项基金、收取资源税等为辅的直接补偿制度。按照农业发展的不同形式，国外提供了可供选择的多种补偿方式。其中资金补偿除了政府转移支付、税收优惠等利好政策外，还会鼓励相关企业以投资或经营的方式注入资金；物质补偿则会提供相应的农具，农用机械设备或环保型地膜等有助于发展绿色农业的物质奖励。由于农业可持续发展的现实需求，各国也非常注重政策补偿以及技术与智力补偿。如日本从农作物生产的土壤管理、农药肥料使用、废弃物处理、能源节约等方面和家畜养殖的臭味减少、病虫害减少、节约能源等方面制定了详尽的生态农业技术规范，这种将先进科技应用到农业发展中的做法不仅能保障农业生态环境免遭破坏，也有利于加速修复更多的生态功能，最主要的是农产品的质量安全会得到根本保障。总体来看，国外补偿政策的深入与相关农技的普及作为内涵化补偿方式成为农业生态补偿政策持续发展的动力源，农民也由此广泛受益，从而将农业生产对环境的影响降到比较低的程度。

4.6.1.3 农业生态补偿所需资金要广泛筹集

国外农业生态补偿资金筹集途径多样，主要资金来源有中央财政支付、排污费、环境税、生态环境破坏者和破坏者向国家支付的环境损害赔偿罚款以及社会捐赠等。国家财政转移支付资金是用以补充公共物品面提供的一种无偿支出，它主要用于社会保障支出和财政补贴。因为生态补偿的目的是要恢复和重建生态系统，所以国家用财政转移支付的方式来改善整体生态环境、整治国土、恢复和重建被破坏的区域生态环境，补偿因生态保护面丧失发展机会的地区和居民的损失，这符合财政转移支付的目的性。如退耕还林资金主要来源于中央财政的"专项转移支付"资金。国家征收的排污费作为专项资金可以用于环境污染的综合治理、区域性污染防治补助，所以其理所当然地成为生态补偿资金的来源之一。环境税是生态补偿资金的主要来源，原理是把一个国家破坏生态系统和污染自然环境的成本内化进生产成本和市场价格中去，再通过政府行为分配环境资源。与此同时，来自自然人和企业法人的社会捐赠同样可以弥补农业生态补偿资金的不足，并能从客观上反映出一个国家的公民对自然资源、生态环境的重视程度和爱护水平。

4.6.2　农业生态补偿政策执行方面

4.6.2.1　政府补偿要与市场补偿相结合

国外比较推崇的农业生态补偿机制主要有两大类：一类是政府补偿模式，另一类是市场补偿模式。政府补偿模式主要依靠目前完善的政府财政体系来实现支付，而市场补偿模式逐步发展出了"生态产品认证""市场贸易"等类型。美国、德国、日本等发达国家的农业生态补偿经验表明，把市场调节和政府调节有效结合更有利于实现农业生态补偿的预期目标。一方面利用政府的宏观调控能力，由中央财政转移支付实施农业生态补偿的纵向补偿策略，这种补偿易于操作，但国家财政可支付数额有限，单一的政府补偿往往达不到预期效果。为此，美国、德国、日本等国还会运用其发达的市场经济手段，发挥生态补偿市场的自我调节功能，明确产权，加强市场交易，从广阔的市场吸纳农业生态补偿计划推行所需要的更多资金，并由相关管理部门统筹规划使用市场融资来调动各方的积极性，以使相关主体广泛参与到农业生态补偿中来，这本身也是提高社会生态环境服务价值理论认知，推行生态农业的良好实践。

4.6.2.2　农业生态补偿成果要加快转化

完善的农业生态补偿制度应该有利于农业生态价值成果的转化。从前面的分析能够看出，德国最早启动了农产品生态标识制度，其一方面通过宣传教育，引导鼓励公民参与农业环保以获得消费者对生态农业的支持，调动他们参与生态农产品市场交易的积极性；另一方面，农场的农业生产活动被要求严格按生态农业规范的要求操作，并由政府或独立的第三方在检测合格后粘贴生态农产品标识，这些有生态标识的农产品价格通常比传统农产品价格要高，其一旦完成销售就实现了生态农业的价值转化。日本从 20 世纪 70 年代起开始对土壤污染进行法律管控，其通过分类明晰的法律法规引导发展"环境友好型农业"，其严格按照日本农产省、有机和自然食品协会颁布的检查方法、技术标准和管理体系规则进行认证，标记有机农产品，并对农产品进行分等级认证以带动不同标准的农业生态补偿，这既推动了生态农业的可持续性发展，也引导了公民逐渐树立起绿色消费的意识，这不仅保障了消费者的合法权益，也大大提高了农业生产者的收入水平。

我国也有类似有机农产品认定的生态认证政策，如对"三品一标"即无公害产品、绿色食品、有机食品和农产品地理标志保护产品制定认证程序和认定标准，但由于现实中国内的"三品一标"产品售价总体偏高，加上没有政府的专项资金拨付支持，我国"三品一标"农产品认定机制的推广还面临不少棘手问题。

4.6.3 农业生态补偿政策支撑体系方面

4.6.3.1 农业生态补偿制度要逐渐法治化

德国、美国、日本等国在其农业生态补偿制度逐渐成熟之后，大都采用立法的方式，通过少量基础法与大量单行法的搭配形成体系化的农业生态补偿制度，以此来规范农业生态补偿的主体、对象、内容、标准、资金来源、监管等诸多方面。其立法的优越性主要表现在体系和内容之上，美国和日本的农业生态补偿制度立法内容深入到农产品质量和食品安全领域，其制度目标内容具有一定的复合性，不仅在立法过程中追求达成高标准的生态环境质量，还要求制度实施后的农业生产模式产出安全的、健康的、有机的农产品。虽然在我国现行的法律制度中已见"生态补偿"的影子，但是农业生态补偿制度并没有根植于任何一部法律之中，更没有丰富的内容和体系，难以在我国农业供给侧结构性改革的转型过程中发挥出其应有的关键作用。现阶段，我国应借鉴美国、德国、日本等国的先进立法模式，结合我国目前的政治、经济、文化状况，逐步实现我国农业生态补偿制度的法治化。

4.6.3.2　农业生态补偿参与行为应合同化

国外农民参与农业生态补偿政策大都采用自愿参与的方式，其中美国、德国和日本等国都通过合同约定了相关主体的权利和义务，这种通过合约化的方式参与农业生态补偿项目具有以下优势：一是体现双方主体尤其是作为农业生态补偿制度参与者的农民参与项目的自愿性；二是合同条款明确约定双方的权利及义务，可操作性很强；三是合同中通常都会约定具体农业生态补偿项目所持续的时间及相应的违约责任，这有助于实现农业生态补偿的持续性。相关主体尤其是相对政府处于弱势地位的农民自愿参与农业生态补偿计划，至少可以在一定程度上说明农业生态补偿制度对于参与者来说是合理的，并且是具有一定吸引力的。

4.6.3.3　农业生态补偿监管要到位

农业生态补偿的正常运行得益于持续到位的监管制度，欧美等国家开展农业生态补偿较早，形成了较为完备的法律体系，明确政府部门职能，对生态补偿进行全程监督，使政策落实到位，充分保障农民权益。美国的农业生态补偿制度渗透在《食品保障法》《农业法》《农业援助法》《食物、农业、资源保护和贸易法》等单行法中，这些成文法对农业生态补偿进行系统规定，甚至涉及农业环境保护、农业生态补偿的各项激励措施、耕地肥力下降、农田生态质量降低等具体内容，并依托保护性储备计划和环境质量激励计划等项目实施。在农业生态补偿实践中，美国实行双重管理，既有联邦政府对州政府的领导，也有基于牵头主管部门领导的各部门之间的配合，各部门权责分明，高效发挥州政府的综合管理职能，充分实现了生态补偿体系的关联性和整体性，也能够满足不同群体的利益需求。

第五章　黄淮平原农产品主产区 及其农业生态补偿现状

黄淮平原是黄淮海平原的重要组成部分，位于黄淮海平原南部，主要由黄河、淮河下游泥沙冲积而成。从地理区位上看，黄淮平原主要涵盖江苏省淮河以北、安徽省淮河以北、河南省东部黄河以南以及山东省西部黄河以南的区域，是中国开发较早的农业区域之一，对我国的经济、政治、军事、文化发展等都曾发挥过重要作用。

5.1　黄淮平原农产品主产区总体概况

2010 年国务院"从确保国家粮食安全和食品安全的大局出发，充分发挥比较优势，重点建设以'七区二十三带'为主体的农产品主产区"。即构建以东北平原、黄淮海平原、长江流域、汾渭平原、河套灌区、华南和甘肃新疆等农产品主产区为主体，以基本农田为基础，以其他农业地区为重要组成的农业战略格局。根据"七区二十三带"为主体的农业战略格局部署，黄淮海平原农产品主产区的重心是要建设优质专用小麦、优质棉花、专用玉米、大豆和畜产品产业带。黄淮平原是黄淮海平原的重要组成部分，作为我国主要的农产品主产区，其在地理区位上涉及江苏、安徽、山东、河南四省的部分区域，主要指向苏北平原、淮北平原、鲁西南农产品主产区以及黄淮四市。目前，该区域河渠纵横、涵闸密布、稻麦两熟，主产小麦、杂粮、棉花等。

5.2　黄淮平原江苏区域农产品主产区及其农业生态补偿现状

5.2.1　江苏省农产品主产区的功能定位与发展方向

5.2.1.1　江苏省的农业发展战略格局

根据全国主体功能区规划明确的农业战略格局，江苏省以全省农业区划为支撑，结合现代农业发展方向，在《江苏省主体功能区规划》中，构建起了以"两带三区"为主体的农业空间格局和重点生产基地。其中"两带"是指沿江农业带、沿海农业带，"三区"则分别是指太湖农业区、江淮农业区、渠北农业区。

5.2.1.2　江苏省农产品主产区的功能定位与发展方向

在《江苏省主体功能区规划》中，农产品主产区作为基本农田和生态功能保护区集中分布的区域，其功能定位是：全省农产品供给的重要保障区，农产品加工生产基地，生态功能维护区，新农村建设示范区。

《江苏省主体功能区规划》中明确指出，江苏的农产品主产区要大力发展现代农业，完善农业生产、经营、流通体系，巩固和提高在全省农业发展中的地位和作用，积极发展旅游等服务经济，推进工业向有限区域集中布局。到2020年，适度增加农业和生态空间，严格控制新增建设空间。

首先，要调整空间结构。适度扩大农业生产空间，促进基本农田集中连片布局；积极推进工业集中区的整合撤并和搬迁，保留部分基础好、效益高、污染小的开发区和工业集中区，实施点状集聚开发；控制新增建设空间，优先保障镇区和保留工业区的用地，引导农民集中居住，减少农村生活空间；适度增加生态空间。

其次，要提高农业生产及深加工能力。推进农业产业化、生态化，大力发展农产品精深加工和流通，加强现代农业产业园区、农产品加工集中区和农产品市场体系"三大载体"建设；大力发展规模畜牧业，建设优质畜禽生产和加工基地；加强农业科技创新，加大新品种、新技术示范推广力度；加大农田基础设施建设，推进连片标准农田建设，提高农田增产增收能力；确保粮食播种面积和粮食产量稳步提高；大力发展设施园艺业，促进园艺产业转型升级；大力发展特色高效渔业，提高现代渔业综合生产能力；积极发展休闲农业与乡村旅游业，推进休闲观光农业示范区建设，培育开发各具特色的农业旅游产品及相关产业；因地制宜地适度发展农产品加工、轻型无污染工业和商贸、文化、科技研发等服务业；在资源丰富的地区，可以集中进行能源建设和资源开发。

此外要控制人口增长、加强农村居民点建设、提高生态系统服务功能。即按照自觉、自愿、平稳的原则，引导人口向优化开发和重点开发区域转移，降低人口增长速度，在有条件地区引导人口有序减少；推进新型农村社区建设，加大农村环境综合整治，提高基础设施配套水平，加强公共服务设施建设，提高基本公共服务保障能力；提高林木覆盖率，扩大水面面积，加强湿地保护和修复，增强生态调节、水源涵养、防灾减灾等功能。加大空中云水资源开发力度。

5.2.2 黄淮平原区江苏区域农产品主产区的分布情况

5.2.2.1 总体分布情况

黄淮平原江苏区域是指江苏省淮河以北的地区，主要指向苏北平原，因受黄河和淮河合力冲积而形成，其位于秦岭淮河以北，华北平原南端，区域面积总计约 3.54 万平方千米，涉及渠北农业区与江淮农业区的部分区域。黄淮平原江苏区域农产品主产区主要由苏北五市的部分地区构成，包括盐城、淮安 2 市的北部、宿迁市以及徐州市东南部与连云港灌云、灌南县。该区域农业优势明显，盛产小麦、花生、棉花、玉米等多种农作物，其中淮安、盐城、宿迁三市的主要区县一直以来都是全国主要的农产品供应地之一。2014 年，江苏省出台《江苏省主体功能区》规划，进一步明确了淮安、盐城、宿迁的主要区县以及徐州、连云港两市中的部分区县作为农产品主产区的主体功能定位。

5.2.2.2 具体分布情况

（1）限制开发的农产品主产区分布情况

目前黄淮平原江苏区域的农产品主产区主要集中在苏北平原，其具体的农产品主产区分布情况如表 5-1 所示。其中，徐州的贾旺、邳州、新沂、睢宁、沛县、丰县 6 个县(市、区)，连云港的赣榆、灌云、东海、灌南 4 县，淮安的金湖、盱眙、洪泽、涟水 4 县，盐城的东台、大丰、射阳、阜宁、滨海、响水、建湖 7 市(县)，宿迁的沭阳、泗阳、泗洪 3 县被列入农产品主产区。而被列入农产品主产区的各区县内的不同乡镇因所处地理位置不同，因而存在较大的资源禀赋及发展程度差异，因此，在江苏规划中又对苏北五市中列入农产品主产区的 24 个县(市、区)中的部分乡镇确定为点状重点开发区，其中徐州涉及 36 个街道或镇、连云港涉及 20 个乡镇或街道、淮安涉及 19 个乡镇、盐城涉及 41 个乡镇或农/盐场、宿迁涉及 17 个镇。

表 5-1　苏北限制开发的农产品主产区分布情况

地级市	农产品主产区具体县(市、区)	点状重点开发区
徐州	贾旺、邳州、新沂、睢宁、沛县、丰县	36 个街道或镇
连云港	赣榆、灌云、东海、灌南	20 个乡镇或街道
淮安	金湖、盱眙、洪泽、涟水	19 个乡镇
盐城	东台、大丰、射阳、阜宁、滨海、响水、建湖	41 个乡镇或农/盐场
宿迁	沭阳、泗阳、泗洪	17 个镇

注：表中数据是文本数据，根据《江苏省主体功能区规划》整理获得。

（2）其他限制开发的农产品主产区分布情况

在江苏规划确定的优先开发区和重点开发区域中，并不是所有的地方都要优先开发或重点开发，其中部分乡镇被特别列示出来也作为农产品主产区。为区别于主体功能规划直接确定的农产品主产区，这些也被赋予农产品主产功能的限制开发乡镇称其为其他限制开发的农产品主产区，其在江苏黄淮平原区的具体分布情况如表 5-2。

表 5-2　苏北其他限制开发区(农产品主产区)分布情况

县/区名	他限制开发乡镇(农产品主产区)	个数
铜山	黄集、刘集、何桥、大许、徐庄、伊庄、单集、房村	8 个
淮安区	平桥、泾口、流均、博里、复兴、苏嘴、南闸、菱陵、林集、白马湖农场	10 个
淮阴	五里、徐留、吴集、西宋集、韩桥、刘老庄、古寨、渔沟	8 个
盐都	楼王、学富、尚庄	3 个
宿城	埠子、陈集、罗圩、中扬、屠园	5 个
宿豫	丁嘴、关庙、新庄、保安、仰化、黄墩、王官集	7 个

注：表中数据是文本数据，根据《江苏省主体功能区规划》整理获得。

其中作为省级重点开发区的铜山有 8 个乡镇即黄集、刘集、何桥、大许、徐庄、伊庄、单集、房村被列入农产品主产区，淮安区有 10 个乡镇即平桥、泾口、流均、博里、复兴、苏嘴、南闸、菱陵、林集、白马湖农场被列入农产品主产区，淮阴区有五里、徐留、吴集、西宋集、韩桥、刘老庄、古寨、渔沟 8 个乡镇被列入农产品主产区，盐都区有 3 个乡镇即楼王、学富、尚庄被列入农产品主产区，宿城区有埠子、陈集、罗圩、中扬、屠园 5 个乡镇被列入农产品主产区，宿豫区有丁嘴、关庙、新庄、保安、仰化、黄墩、王官集 7 个乡镇被列入农产品主产区，这些乡镇同样发挥着农产品主产区的功能。

5.2.2.3 农产品主产区总体分布特点

根据上面的分析能够看出，目前江苏黄淮平原区的农产品主产区主要由限制开发的农产品主产区与其他限制开发区的农产品主产区两部分构成，呈现出的典型特点是被列为限制开发区的农产品主产区内有点状重点开发区，而重点开发区内的部分乡镇又被列为其他限制开发的农产品主产区，这表明各功能区内的开发或限制开发是相对的，而对农产品主产区的限制开发主要是确保其农业区的主体功能定位、保障农产品供给安全，但并不是只生产农产品。将苏北平原的大部分地区确定为限制开发的农产品主产区能更好地顺应该区域的自然资源禀赋，有利于更好地遵从区域农业经济发展规律，大力发展特色鲜明的县(市/区)域农业，推动苏北平原农产品的安全有效供给以及农业生态经济的可持续性发展。

5.2.3 黄淮平原江苏区域农产品主产区农业生态补偿现状

黄淮平原江苏区域农产品主产区(以下简称苏北)近年来开展了不少农业生态补偿项目，主要包括农作物秸秆综合利用、农作物秸秆机械化还田、耕地质量监测、测土配方施肥以及商品有机肥补贴项目等，取得了一定成效。鉴于目前江苏省的农业生态补偿主要依赖政府财政，本书在剖析苏北区①农业生态补偿时，重点分析财税补偿特别是财政补贴情况。

---

① 其中其他限制开发区在名称上加＊号标识。

5.2.3.1 农作物秸秆综合利用重点支持项目实施评析

江苏省明确提出①要对秸秆综合利用给予财政、税收、电价补贴等政策支持或优惠。以 2014 年为例，包括苏北在内的江苏省该项补贴重点支持秸秆收储中心项目、秸秆规模综合利用项目、秸秆沼气集中供气工程与秸秆气化集中供气项目，省财政分别按 50 万元/处、65 万元/处、110 万元/处给予补助。同时在项目实施中明确地方政府的连带监管责任，对因失责引发问题的扣减省级应补资金，形成的补偿资金缺口由地方财政解决。可见，2014 年该类农业生态补偿相关财政补贴政策导向性较强，但每个县(市、区)允许限报 1 个项目，申报难度较大。各县(市、区)也积极配合省财政采取行动，有力地推动了该区域农业废弃资源的合理利用。

2016 年，财政部、农业部选择包括江苏省在内的 10 个省份开展秸秆综合利用试点工作，位于黄淮平原江苏区域农产品主产区的睢宁县在培育发展秸秆收储运等社会化服务组织等方面成效突出，其将 97% 的中央财政资金集中用于支持秸秆收储组织建设，用于新建秸秆收储中心和购置收集打捆机械。在财政部、农业部组织的对农作物秸秆综合利用试点补助资金的绩效评价中，江苏省荣获第一名。根据这一绩效评价结果，2017 年财政部和农业部对江苏省农作物秸秆综合利用试点的资金比 2016 年增加 7 000 万元，总计达到 1.5 亿元。

为了有效解决秸秆焚烧、弃置问题，促进秸秆资源有效利用，位于黄淮平原江苏区域农产品主产区的不少县市积极探索建立秸秆综合利用的长效机制。其中沛县财政在 2018 年拨付秸秆综合利用的奖补资金共计 1 700 余万元，对从事秸秆收储的农民、种植大户、合作社等各类主体开展农作物秸秆的收集储运，全年秸秆收储、利用数量达到 1 000 吨的，实行按量补助；对建立完善社会化服务体系，对新购秸秆收储主要设备给予 30% 的补贴。2018 年沛县全县秸秆综合利用率稳定在 96.5% 以上，其秸秆机械化全量还田 105 万亩，多种形式收储利用 26 万亩，秸秆多种形式利用率在 16.5% 以上。从表 5-3 可以看出，在 2019 年省以上农业生态保护与资源利

---

① 江苏省农作物秸秆综合利用规划(2010 年至 2015 年)。

用专项市县资金安排中，泗洪县的秸秆综合利用资金共计 5 项，分别是秸秆打捆离田作业奖补、秸秆打捆机购置奖补、秸秆钢架仓储大棚及临时收储点建设奖补、秸秆利用企业奖补、秸秆临时收储点，对应的省以上财政资金安排金额分别是 400 万元、170 万元、84 万元、235 万元、55 万元。在财政支持下，目前该县已形成布局合理、多元利用的产业化格局。

表 5-3　2019 年省以上农业生态保护与资源利用专项市县资金安排
泗洪县秸秆综合利用资金明细表

单位：万元

序号	实施项目名称	实施主体	省以上财政资金安排金额
1	秸秆打捆离田作业奖补	泗洪县农业农村局	400
2	秸秆打捆机购置奖补	泗洪县农业农村局	170
3	秸秆钢架仓储大棚及临时收储点建设奖补	泗洪县农业农村局	84
4	秸秆利用企业奖补	泗洪县农业农村局	235
5	秸秆临时收储点	泗洪县农业农村局	55
合计			944

注：表中数据是文本数据，根据江苏省财政厅相关文件整理获得。

5.2.3.2　农作物秸秆机械化还田作业项目实施评析

农作物秸秆机械化还田是农业生态补偿的常规性项目，如表 5-4 中所示，2014 年苏北区共获得该项生态补偿资金 36 673 万元，补贴金额约占全省该项财政下拨资金的 71%。其中盐城该项补贴在苏北地区最高，为 10 241 万元，其下的农产品主产区受益总额为 9 517 万元，受益比为本区域补贴资金总额的 92.93%；而位居其次的是徐州，共计获得该项补贴 7 007 万元，但其下农产品主产区在本区域补贴资金中的受益比却在五市中最高，为 97.12%。具体到各农产品主产区，因宿迁的相关指标计算时口径缩小，故不参与比较，其他四市中受益额最高的是连云港的东海县，受益额为 2 200 万元，在连云港农产品主产区的受益比高达 42.35%；其次是盐城的射阳县，受益额为 2 120 万元，在盐城农产品主产区的受益比达到 22.28%；而具体农产品主产区受益额最低的则是连云港的灌云县，受益额仅为 926 万元，在连云港农产品主产区的受益比也最低，只有 17.82%。课题组的调研结果显示，各市县基本上能认真履行监管核查职责，农作物秸秆机械化还田作业效果良好，如宿迁 2014 年以秸秆还田为主的秸秆肥料化利用率就达到 75% 左右。

表 5-4　2014 年农作物秸秆机械化还田作业省级补助资金苏北分配表

地级市	补贴额（万元）	农产品主产区受益额（万元）	农产品主产区受益比（%）	具体受益农产品主产区	具体受益额（万元）	各区县受益比（%）
徐州	7 007	6 805	97.12	铜山*	1 389	20.41
				睢宁	1 050	15.43
				新沂	1 044	15.34
				邳州	1 271	18.68
连云港	6 229	5 195	83.40	赣榆	993	19.11
				东海	2 200	42.35
				灌云	926	17.82
				灌南	1 076	20.71
淮安	6 995	6 685	95.57	淮安区*	1 502	22.47
				涟水	1 496	22.38
				盱眙	1 415	21.17
盐城	10 241	9 517	92.93	阜宁	1 447	15.20
				射阳	2 120	22.28
				东台	1 466	15.40
宿迁	6 201	4 101*	66.13*	沭阳	1 741	42.45*
				泗阳	1 048	25.55*
				泗洪	1 312	32.00*

注：表中数据为文本数据，列示出的是在本区域农产品主产区中受益比重超过 15% 的区县/市，其中宿迁市的计算仅限于限制开发的农产品主产区。

为了充分发挥秸秆机械化还田作业补助的政策效应，扎实推进秸秆机械化还田工作，2018 年，位于黄淮平原江苏区域农产品主产区的沛县制定了秸秆机械化还田的实施方案，其通过工作督导、宣传培训、现场演示、技术指导、农机大户和农机合作组织辐射带动等多种方式积极推进秸秆机械化还田工作。最终，沛县财政拨付秸秆还田补助资金 1 433 万元，对通过县级第三方单位核查认定的夏季秸秆机械化还田实际作业面积 573 114.6 亩进行实际补助，其这一做法有效促进了当地的农作物秸秆综合利用，有力地保护了区域内的农业生态环境。在 2019 年省以上农业生态保护与资源利用专项市县资金安排中，泗洪县的秸秆机械化还田补助达到 3 200 万元，由泗洪县农业农村局全力推进实施，在农业农村废弃物资源化利用中取得了较好的成效。

5.2.3.3　耕地地力保护

江苏省在全省开展耕地质量动态监测，2014 年江苏耕地质量监测资金补助总计 300 万元，苏北此项补助合计 150 万元，区域占比额高达 50%，体现出江苏对苏北耕地质量监测工作的重视。而苏北各市该项农业生态补偿情况如表 5-5 所示：其中盐城市、徐州市该项补助的受益额最高，占比分别达到 28.67%、22.0%。在实施中各市县基本上都实行市财政国库代管，在项目资金下达后，严格按照细化的项目合同资金使用方案进行报账，以确保项目资金专款专用。以宿迁市为例，其 2014 年在全市范围内建立了 4 种类型 27 个耕地肥力与质量监测点，对耕地的肥力与质量进行长期动态监测；而省财政划拨的监测项目资金主要用于采样检测、监测、试验材料、培训、信息发布等方面。尽管宿迁 2014 年的耕地质量监测补助资金能按计划合理使用，但宿迁地方财政在该项目上的投入极少，至今尚未建立市级土壤肥料化验室，严重制约了耕地质量监测工作的进一步开展。

表 5-5　2014 年苏北耕地质量监测任务和资金补助分配表

地级市	监测点数（个）	金额（万元）	各市资金补助在苏北该项补助中的比重（%）
徐州	33	33	
连云港	20	20	22.00
淮安	27	27	13.33
盐城	43	43	18.00
宿迁	27	27	28.67
合计	150	150	18.00

注：表中是文本数据，根据江苏省财政厅、农业厅相关文件整理计算得出。

根据《财政部农业部关于调整完善农业三项补贴政策的指导意见》《财政部农业部关于全面推开农业"三项补贴"改革工作的通知》和《财政部关于加强 2016 年农业支持保护补贴资金管理的通知》等文件精神，2017 年 6 月江苏省出台《江苏省农业支持保护补贴（耕地地力保护）实施方案》，以切实做好农业支持保护补贴（耕地地力保护）管理工作。按照该实施方案，江苏省耕地地力保护补贴原则上是对全省范围内的种地农民拥有承包权的耕地、村组机动地在农村土地二轮承包或土地确权时被确认的耕地、国有农场和国有农牧渔良种场的耕地给予补贴；这些奖励资金专项主要用于基本农田建设与保护、土地整理、耕地开发、耕地质量保护与提升等。

为了调动各地保护耕地的主动性和积极性，江苏省健全"责任+激励、行政+市场"式的耕地保护机制，采用绩效评价方式，每年会对耕地保护工作成效突出的地方给予通报表扬或资金奖励，如江苏省财政厅依据考核结果下达 2016 年度省级耕地保护激励资金 1.04 亿元。此项奖励资金的出台和实施使江苏各地获益匪浅，其中位于黄淮平原江苏区域农产品主产区的宿迁市沭阳县在 2017 年度获批省级耕地保护激励资金 200 万元；2019 年宿迁市泗洪县作为耕地地力提升示范县，获得省以上财政资金安排金额 200 万元，这些资金支持调动了各县市保护耕地的积极性和主动性。2020 年，宿迁市争取到耕地地力保护补贴资金 1.58 亿元，其按照每亩 120 元的标准对种粮农户进行补贴，以引导农民自觉提升耕地地力，从而对落实严格的耕地保护制度发挥了积极作用。

5.2.3.4 测土配方施肥

由于农民种田重用轻养，在施肥上存在盲目滥施、不合理偏施现象，为进一步提高耕地综合生产力，江苏在各农业县（市、区）和农垦农场实施测土配方施肥，到 2014 年年底已建立 17 个省部级测土配方施肥示范县（市/区）。表 5-6 中 2014 年该项农业生态补偿苏北共获得 1 295 万元，占全省的比例为 40.79%。具体到各地级市，盐城获得补偿最高，为 340 万元，连云港最低，为 205 万元。

表 5-6　2014 年苏北测土配方施肥补贴项目资金分配表

市、县		财政补助(万元)			备注
		小计	中央资金	省级资金	
全省合计		3 175	2 340	835	
苏北合计		1 295	1 025	270	
徐州	本区域合计	280	230	50	
	农产品主产区	230	230		其中铜山为国家示范县
连云港	本区域合计	205	160	45	
	农产品主产区	145	130	15	其中东海为省级示范县
淮安	本区域合计	250	200	50	
	农产品主产区	200	185	15	其中洪泽为省级示范县
盐城	本区域合计	340	280	60	
	农产品主产区	255	255		其中滨海为国家示范县
宿迁	本区域合计	220	155	65	
	农产品主产区	170	155	15	其中宿豫*为省级示范县

注：表中是文本数据，根据江苏省财政厅、农业厅相关文件、通知等整理计算得出。

再具体到各地级市的农产品主产区，徐州、连云港、淮安、盐城、宿迁获得的该项补助分别是 230 万元、145 万元、200 万元、255 万元以及 170 万元。其中徐州的铜山、盐城的滨海这两个国家示范县各由中央财政提供 60 万补助，可获得 15 万元的补助；连云港的东海、淮安的洪泽、宿迁的宿豫*这三个省级示范县分别由中央财政提供 45 万元、省级财政提供 15 万元。在该项补偿资金支持下，苏北测土配方施肥项目取得了一定经济效益，如宿迁市市区该项补偿累计节本增效约 732 万元。

从表 5-7 中可以看出，在 2019 年省以上农业生态保护与资源利用专项市县资金安排中，宿迁市泗洪县的耕地质量保护与提升资金共计 1 311.99 万元，其中测土配方施肥省以上财政资金安排金额为 25 万元；部级耕地轮作休耕试点项目省以上财政安排资金 1 086.99 万元，泗洪县财政对此配套了 940 万元的奖补金额。但测土配方施肥补偿技术性要求很高，实施中离不开长期稳定的资金、技术、人力投入的支撑，其推广需要各方共同努力。

表5-7　2019年省以上农业生态保护与资源利用专项市县资金安排

泗洪县耕地质量保护与提升资金明细表

单位：万元

序号	实施项目名称	实施主体	省以上财政资金安排金额	市县财政安排金额
1	泗洪县2019年测土配方施肥补助	泗洪县农业技术推广中心	25	0
2	泗洪县2019年耕地地力提升示范县	泗洪县农业技术推广中心	200	0
3	泗洪县2019年部级轮作休耕试点	泗洪县农业技术推广中心	1 086.99	940
合计			1 311.99	940

注：表中是文本数据，根据江苏省财政厅、农业农村厅相关文件整理计算得出。

5.2.3.5　有机肥推广、规模化畜禽粪便综合利用等补偿项目

为了通过推广使用商品有机肥来提高耕地质量，推动高效农业和绿色有机农业的发展，江苏省自2006年起在试点地区开展有机肥补贴试验示范项目，并按照"地方政府财政补贴商品有机肥生产企业、生产企业按扣除补贴金额之后的价款将商品有机肥出售给地方农户"的运作模式，积极引导农民增加对农田商品有机肥的施用量。本项目在推广应用时实行最高零售限价，以2013年为例，苏北每吨商品有机肥的零售价不允许高于520元，区域内农户在购买有机肥时的单价是用零售价扣除省财政按每吨150元补贴后的金额，即农户所购买的商品有机肥的每吨价格不过超过370元。据统计，江苏全省2013年商品有机肥料推广应用补贴规模29.1133万吨、有机无机复混肥料推广应用补贴规模3万吨[①]；该项目的实施使苏北规模养殖畜禽粪便等农业有机废弃物得到有效利用，在很大程度上改善了项目实施区的肥料施用结构。同时，由此或见，目前的有机肥补贴多采取

[①]　数据来源于江苏农业网。

项目一次性补助方式，未建立相应的长期运行保障机制，对农业生产者的积极性调动不足。

在江苏省下达的2015年度省级农业可再生资源循环利用专项资金的通知中，明确规模化畜禽粪便综合利用工程项目主要包括规模畜禽养殖场沼气治理工程、规模养殖场畜禽粪便有机肥加工项目、畜禽粪便处理中心项目。其中，规模畜禽养殖场沼气治理工程的扶持环节包括沼气主体工程及沼渣沼液贮存、输送或运输等综合利用配套设施设备建设；规模养殖场畜禽粪便有机肥加工项目的扶持环节包括畜禽粪便干湿分离、收集、贮存及生产加工有机肥的设施设备等；畜禽粪便处理中心项目的扶持环节包括畜禽粪便收集、运输、处理的设施设备等。按照此通知，江苏省规模化畜禽粪便综合利用工程项目补助对象为农民专业合作社、规模畜禽养殖场、畜禽粪便综合利用企业、农业园区管委会或村委会，规模化畜禽粪便沼气治理按不同类型补助6~190万元不等；生物有机肥生产补助30万元/处；畜禽粪便处理中心补助50万元/处。

在省财政支持下，苏北平原相关县市以资金整合为契机，以农业废弃物资源化利用和农业面源污染治理项目为抓手，充分发挥财政资金的杠杆作用，撬动农业生态环境不断改善。其中连云港的灌南县在2018年、2019年先后整合投入1 984万元、1 616万元的财政资金，建设畜禽粪便污水收集处理与利用项目，不断巩固畜禽粪治理成果，有效减轻了区域内农村的畜禽粪便污染。2019年，在省以上农业生态保护与资源利用专项市县资金安排中，宿迁市泗洪县畜禽粪污资源化利用与果菜茶有机肥替代化肥试点县创建共获取省以上财政资金安排金额2 300万元，其中泗洪县2018—2019年度中央畜禽粪污资源化利用省以上财政资金安排金额1 800万元，2019年泗洪县果菜茶有机肥替代化肥试点县创建500万元，分别由德尚(泗洪)新能源有限公司、泗洪县农业技术推广中心负责实施，前者还自筹了8 741万元用于畜禽粪污资源化利用(见表5-8)。经过实践中的不断努力，泗洪县的畜禽粪污资源化利用程度与水平大大提升，该区域内的农业农村生态环境也有了较为明显的改善。

表5-8 2019年省以上农业生态保护与资源利用专项市县资金安排

泗洪县畜禽粪污资源化利用与果菜茶有机肥替代化肥试点县创建明细

单位：万元

序号	实施项目名称	实施主体	省以上财政资金安排金额	实施主体自筹资金
1	泗洪县2018—2019年度中央畜禽粪污资源化利用	德尚（泗洪）新能源有限公司	1 800	8 741
2	2019年泗洪县果菜茶有机肥替代化肥试点县创建	泗洪县农业技术推广中心	500	0
合计			2 300	8 741

注：表中是文本数据，根据江苏省财政厅、农业农村厅相关文件整理计算得出。

5.3 黄淮平原安徽区域农产品主产区及其农业生态补偿现状

5.3.1 安徽省的农业发展战略格局

安徽省地处华东地区，位于长江下游和淮河中游。作为农业大省，安徽省是国家粮食重要生产基地。总体上来看，安徽省具有较好的农业生产条件，在全国优势农产品布局中属于复合农产品产业带，具有较强的农产品生产和供给能力，是保障农产品生产和供给安全的重要农产品区域。安徽省的农业区主要包括淮北平原农业区、江淮丘陵农业区、皖南山地林茶粮区、皖西大别山地林茶区、沿江平原农业区。

在安徽省的五个农业区中，淮北平原农业区、江淮丘陵农业区、沿江平原农业区并称安徽的三大农产品主产区。截至2017年年末，安徽省的这三大农产品主产区农业人口占全省农业总人口80.62%，耕地面积占全省总耕地面积的69.04%。

5.3.2 黄淮平原安徽区域农产品主产区的分布情况与功能定位

5.3.2.1 总体分布情况

黄淮平原区安徽区域主要指淮北平原主产区，其位于安徽省淮河干流以北至沙颍河以南，东、北部与苏、鲁接壤，西、西北部与豫毗邻，南临淮河。淮北平原主产区地处暖温带南缘，该区域农业资源匹配较好，光照充足，年均气温14℃~15℃，雨热同季，雨量适中，年均降水量850毫米以上，无霜期200~220天，其地下水资源丰富，全区以砂姜黑土和潮土为主，属冲积、洪积平原，地势平坦，微地形起伏。淮北平原主产区农业生产历史悠久，农业发展基础较好，其区域内耕地面积大，农田集中连片，比较适合农业的综合开发与利用；同时，区域内人均耕地多，耕地利用率和复种指数较高，农业机械化、现代化程度也较高，农田水利基础设施较为完善，有效灌溉面积和旱涝保收面积在耕地面积中的比重较大，是我国重要的粮、棉、油、畜禽、蔬菜等的农产品主产区。

淮北平原主产区作为安徽省的第一大农产品主产区，包括阜阳、亳州、淮北、宿州、淮南、蚌埠这6市的17个县(市)，总面积3.05万平方千米，占全省面积的21.80%。为研究方便，每个地级市所辖区合并为一个单元，即6个市辖区。

5.3.2.2 具体分布情况

淮北平原农业区作为安徽黄淮平原区的主要农产品主产区，涉及17个县，分别是阜阳市的界首市、临泉县、太和县、阜南县、颍上县，亳州市的涡阳县、蒙城县、利辛县，淮北市的濉溪县，淮南市的凤台县，宿州市的砀山县、萧县、灵璧县、泗县，蚌埠市的怀远县、五河县、固镇县。这17个县市在2015年到2017年的人均农业生产总值见下表5-9，从中可以看中，这一指标连续三年呈持续增长态势的有颍上县、辛县、涡阳县、蒙城县、凤台县、五河县。

表 5-9 淮北平原主产区各县人均农业生产总值（1）（元/人）

年份＼县市	界首市	临泉县	颍上县	阜南县	太和县
2015	3751.20	3410.64	2646.27	3274.12	4073.82
2016	3485.94	3141.65	2659.85	3235.11	3703.91
2017	4185.49	3722.67	3075.48	3794.22	3644.49
年份＼县市	利辛县	涡阳县	蒙城县	濉溪县	凤台县
2015	2924.40	3600.05	5359.97	5930.19	3771.87
2016	3083.59	3797.88	5478.11	5604.68	3938.72
2017	3665.72	4243.94	5861.78	4373.11	4403.29

注：表中的数据均来自安徽省统计年鉴，且各主产区的值由算术平均法求得

表 5-9 淮北平原主产区各县人均农业生产总值（2）（元/人）

年份＼县市	萧县	泗县	砀山县	灵璧县	怀远县	五河县	固镇县
2015	4649.76	6156.91	5963.00	4543.42	5557.48	9282.46	7341.91
2016	4521.62	5793.88	5411.79	4511.91	5759.37	9697.94	7219.74
2017	4740.32	6189.73	5670.47	4856.36	5752.01	10498.12	6628.83

注：表中的数据均来自安徽省统计年鉴，且各主产区的值由算术平均法求得

当然，结合国家层面的主体功能区规划与安徽省的发展实际，淮北平原农业区内又包含了48个安徽省的重点开发城镇（见表5-10），其中淮北市的濉溪县有3个重点开发城镇，亳州市的涡阳县有3个重点开发城镇、亳州市的蒙城县、利辛县各有2个重点开发城镇，宿州市的砀山县有2个重点开发城镇，宿州市的萧县、灵璧县各有3个重点开发城镇，宿州市的泗县有2个重点开发城镇，蚌埠市的怀远县、五河县、固镇县各有3个重点开发城镇，阜阳市的界首市、临泉县、太和县、阜南县、颍上县各有3个重点开发城镇，淮南市的凤台县有4个重点开发城镇。这些重点开发城镇的主体功能与农产品主产区主体功能差异较大，在分析农产品主产区问

题时应将其剔除。

表 5-10　黄淮平原农产品主产区安徽区域分布情况

	设市区名称	县(市、区)名称	安徽省重点开发城镇
淮北平原主产区	淮北市	濉溪县	濉溪镇、百善镇、五沟镇
	亳州市	涡阳县	城关镇、高炉镇、义门镇
		蒙城县	城关镇、乐土镇
		利辛县	城关镇、西潘楼镇
	宿州市	砀山县	砀城镇、李庄镇
		萧县	龙城镇、圣泉乡、白土镇
		灵璧县	灵城镇、渔沟镇、卜楼镇
		泗县	泗城镇、屏山镇
	蚌埠市	怀远县	常坟镇、鲍集镇、马城镇
		五河县	城关镇、头铺镇、沫河口镇
		固镇县	新马桥镇、城关镇、连城镇
	阜阳市	界首市	界首市区、光武镇、田营镇
		临泉县	城关镇、鲖城镇、杨桥镇
		太和县	城关镇、肖口镇、三堂镇
		阜南县	鹿城镇、黄岗镇、中岗镇
		颍上县	慎城镇、夏桥镇、黄桥镇
	淮南市	凤台县	杨村镇、凤凰镇、桂集镇、毛集实验区

注：表中数据是文本数据，根据《安徽省主体功能区规划》整理获得。

5.3.2.3　淮北平原农业区的功能定位与发展方向

(1)淮北平原农业区的功能定位

根据 2013 年 12 月 4 日正式印制的《安徽省主体功能区规划》中的规定，淮北平原农业区的功能定位是：国家专用优质小麦、优质玉米生产区，全国重要的畜禽产品和中药材生产基地，农产品生产加工流通优势区，工业化、信息化、城镇化和农业现代化同步发展引领区。

为了实现这一功能定位，提出了四点具体要求：一是要求严格保护耕地，提高农业现代化水平，优化农业产业结构，积极开展农业规模化经营，集中力量建设粮食生产核心区；二是大力发展农副产品加工业，提高市场化程度，提升农业产业化水平，增强农村经济实力；三是以县城和若干镇为重点，推进城镇建设，大力发展非农产业，完善城镇公共服务和居住功能；四是加强农业生态保护，加强农业基础设施建设，强化农业防灾减灾能力，重点加强淮河治理。

（2）淮北平原农产品主产区的发展方向

本着以农为本、集中集聚、节约集约的三大管制原则，淮北平原农业区的发展方向主要体现在以下六个方面。

一是提升农业综合生产能力。在稳定粮食播种面积的基础上，实施粮食高产攻关计划，推进农技、农机技术的发展融合，做大做强粮食产业。根据各区域资源特点和市场条件，优化农业生产布局，合理配置农业生产要素，引导优势农产品发展，培育特色农业产业带，逐步建成全国重要的粮食和优势农产品生产基地。

二是完善农业基础设施。加强水、土、田、林、路综合治理，积极推进土地整理和复垦，加强易涝洼地治理和农田水利基本建设，改善灌溉和机耕道路条件。建设旱涝保收高标准基本农田，提高农业综合抗灾能力和土地可持续生产能力。建立健全农业科技创新体系和农业科技推广服务体系，完善动植物防疫体系、农产品质量安全检验监测体系以及农村投融资体系。

三是适度发展工业和服务业。在保证农产品生产和供给保障前提下，以重点园区为依托，以重大项目为支撑，因地制宜发展资源开采和农产品加工业，不断壮大支柱产业。各开发区和工业集中区通过承接劳动密集型产业转移，构建具有比较优势和市场竞争力的产业体系，推动资源型经济转型，提升县域经济的整体水平。

四是优化城镇空间布局。在现有城镇空间布局的基础上，依托重点开发区域的辐射带动，发展壮大县城和沿国道、省道等交通干线及重要交通节点中心镇，进一步促进城乡统筹发展、城镇集中建设、工业向园区集聚，逐步构建现代城镇体系，形成城镇群发展格局。

五是推动人口有序转移。逐步引导人口向重点开发区域转移，逐步降低区域人口密度，提高人口素质。加强基础教育和技能培训，增强转移人口的就业能力。

六是切实保护基本农田，加强生态建设和环境保护。依据《中华人民共和国农业法》《中华人民共和国土地管理法》《基本农田保护条例》，确保面积不减少、用途不改变、质量不降低。继续实施重点林业生态工程建设，全面推进沿路、沿河、沿村绿化，大力建设高标准基本农田，构建森林生态空间防护体系。大力发展循环农业和生态农业，积极发挥农业的生态功能。

5.3.3　黄淮平原安徽区域农产品主产区农业生态补偿现状

安徽省以绿色生态为导向，以秸秆综合利用和地力培肥为主要手段，以耕地质量提升为目标，因地制宜、综合施策，加快构建耕地质量保护与提升的长效机制。在对黄淮平原安徽区域农产品主产区农业生态补偿情况调研时发现，该区域内的大部分地区都是以项目为依托开展农业生态环境保护与农业生态修复，实施的农业生态补偿项目主要涉及有机肥使用生态补偿项目、畜禽排泄物资源化利用生态补偿项目、乡村清洁工程生态补偿项目、农作物秸秆综合利用生态补偿项目等。

5.3.3.1　小麦"一喷三防"

"一喷三防"是在小麦生长期使用杀虫剂、杀菌剂、植物生长调节剂、叶面肥、微肥等混配剂喷雾，确保小麦增产的一项关键技术措施。为了减轻病虫、干热风、早衰危害，尤其是有效防控小麦赤霉病发生危害程度等级，减少因灾损失，促进稳产增产，安徽省针对合肥、淮北、亳州等9市37个小麦主产县（市、区）及省农垦集团所属农场组织开展小麦"一喷三防"补贴。淮北平原是国家专用优质小麦的主产区，各县域重点针对小麦生产集中连片种植区域，确定本区域小麦"一喷三防"的实施区域、实施面积和资金补助标准。为了充分发挥补助政策对植保、土肥、农机等社会化服务组织和农民合作社、种粮大户、家庭农场等新型农业经营主体的扶持作用，小麦"一喷三防"补贴的补助对象主要是项目区内组织开展喷施作业的社会化服务组织、自愿实施小麦"一喷三防"的农业生产主体、农民专业合作社。补助资金重点用于小麦赤霉病等病虫防治，补助资金可选择兑现物化补助或发放现金，鼓励采取物化补助。目前，淮北平原主产区小麦病虫防治效率已达到 80% 以上，小麦产量因灾损失程度控制在 10% 以内，农民对小麦"一喷三防"项目满意度也达到了 90% 以上。

5.3.3.2　测土配方施肥

2005 年安徽省启动了测土配方施肥项目，从 2010 年开始，安徽省农委在全省组织开展了"配方肥到田普及活动"，测土配方施肥项目基本覆盖全省主要农业县区。2016 年，农业部、财政部调整测土配方施肥项目资金补助方式，压缩项目县数量，突出重点，提升资金补贴的指向性、精准性和实效性。当年中央财政给安徽省安排 3100 万元用于测土配方施肥项目，这比 2015 年增加了 120 万元。为了真正体现"谁种粮谁受益"的原则，2015 年我国启动农业补贴改革，将农业三项补贴合为农业支持保护补贴。安徽省作为试点省之一，其补贴对象明确指向所有拥有耕地承包权的种地农民。从淮北平原主产区的农业补贴改革推进来看，农业支持保护补贴的受益主体整体向种粮大户倾斜、向新型农业经营主体倾斜、向规模经营倾斜。

2016 年，安徽省重点遴选了 25 个测土配方施肥项目县，其中 17 个取土化验县中位于淮北平原主产区的有 5 个，分别为太和县、萧县、濉溪县、五河县、凤台县；8 个减肥增效县中位于淮北平原主产区的有 2 个，分别为界首市、蒙城县。针对取土化验县，每县安排测土配方施肥补助资金 60 万元，其中减肥增效县每县再增加测土配方施肥补助资金 200 万元。2017 年，安徽省通过实施测土配方施肥补偿项目，全省推广测土配方施肥面积 1.1 亿亩次，推广配方肥 146 万吨，应用面积 7 486 万亩，亩均节本增效 56 元；推广种肥同播、机械追肥等机械施肥面积 4 760 多万亩次，水肥一体化技术应用面积 342 万亩次。2018 年，安徽省推广测土配方施肥面积 1.13 亿多亩次，全省化肥使用量 311.1 万吨，连续 4 年保持下降态势；全省机械施肥面积 4 800 多万亩，种肥同播、机械追肥面积扩大；水肥一体化应用面积 518 万亩次，同比增长 51.4%。安徽省农业系统利用测土配方施肥耕地地力评价成果和耕地质量监测信息，将优质耕地划为永久基本农田，目前淮北平原主产区的永久基本农田划定阶段性任务已全部完成。

5.3.3.3 有机肥推广与畜禽排泄物资源化利用

按照国家、安徽省有机肥替代化肥使用推广的相关优惠政策，2016年，安徽省财政厅、省农委、省林业厅、省水利厅等4个单位印发了《关于推进财政支持现代农业发展奖补资金规范化建设的实施意见》，支持在小麦、水稻、玉米推广有机肥、有机无机复混肥等新型肥料，每亩的奖补金额为35~50元，全省推广600万亩以上。位于淮北平原主产区的怀远县，在2017年获得省财政支持1 000万元用于推进果菜茶有机肥替代化肥示范县创建工作，以提升有机肥施用技术与配套设施水平，辐射带动有机肥替代化肥行动全面展开。有机肥的大量使用既培肥了地力，又净化了环境。据统计，2017年安徽全省化肥用量折纯为318.7万吨，同比减少了8.3万吨，降幅为2.5%；肥料利用率由2016年的36.2%上升到2017年37.6%。安徽全省设施栽培作物基本上全部使用有机肥料，每亩用量多在0.5~2.5吨，产品原料以畜禽粪污为主；2017年，安徽全省各类有机肥使用面积达到了2 360万亩次，比上年上升了12.3%。

推进养殖业畜禽粪便资源化利用，是防治农业面源污染，促进农业可持续发展的必然要求。安徽省在2016年启动农业面源污染综合治理试点工程，共计安排中央投资6 000万元、省级投资1 500万元，支持怀远县、肥东县开展农业面源污染综合治理，其中怀远县就位于淮北平原主产区。同时，围绕养殖业废弃物的资源化综合利用，安徽省积极开展养殖业废弃物资源化综合利用试点，不断推进种养结合。2016年，安徽农委选择5个县(区)开展整县推进畜禽规模养殖场粪污资源化综合利用试点工作，其中利辛县、颍东区就位于淮北平原主产区内。在政策指引与财政扶持下，淮北平原主产区大力推广农牧结合、清洁回用等技术，不断提高规模养殖场废弃物综合利用水平，大力发展草食畜禽，其中该区域内的蚌埠市固镇县、阜阳市颍上县等地实施国家"粮改饲"项目，实现种植玉米农民和牛羊养殖户共同增收。

2017年，《安徽省畜禽养殖废弃物资源化利用技术推广指导方案》印发，其按照政府支持、企业主体、市场化运作的方针，积极推进构建畜禽养殖废弃物资源化利用的长效机制。安徽省的太湖县和泗县争取到农业部、财政部 2017 年畜禽粪污资源化利用整县推进试点项目总投资额 7 300 万元，其中泗县就位于淮北平原主产区的宿州市。在全国 2018 年畜禽粪污资源化利用整县推进的 84 个试点项目中，安徽省就中了 6 个，其中太和县、临泉县、阜南县、颍上县、五河县都位于淮北平原主产区，其全力推进畜禽粪污资源化利用对淮北平原主产区其他地区起到了很好的示范带动作用。发改委和农业部在 2018—2020 年，选择了 586 个畜牧大县，累计安排中央预算内投资 600 多亿元，集中资金优先解决重点区域的畜禽粪污的问题。在该项活动中，安徽省有 22 个畜牧大县入列，其中位于淮北平原主产区的就有 14 个，分别是利辛县、临泉县、太和县、灵璧县、阜南县、泗县、蒙城县、萧县、颍上县、固镇县、怀远县、砀山县、涡阳县、五河县。在中央与地方配套资金支持下，淮北平原主产区的这些畜牧大县畜禽养殖废弃物处理和资源化利用得到大力推进，有力推动了当地生态循环农业的发展。

5.3.3.4　农作物秸秆综合利用项目

安徽省出台了《关于大力发展以农作物秸秆资源利用为基础的现代环保产业的实施意见》，并配套制定了一系列扶持政策，目前已在全国率先形成较为完整、全面和系统的农作物秸秆综合利用政策体系。2014 年到 2017 年，安徽省共安排秸秆禁烧和综合利用奖补资金 63.9 亿元；2015 到 2017 年，共安排秸秆发电奖补资金 2.26 亿元；2017 年安排秸秆产业化利用奖补资金 2.02 亿元。安徽省投入的相关财政补贴资金优先支持秸秆资源量大、禁烧任务重、利用潜力大、集中连片的区域，采用整县推进、多元利用、农用优先的方式，将秸秆的肥料化、饲料化、燃料化作为利用的突出重点。

总体来看，安徽省采取以奖代补形式，不断探索可持续、可复制的秸秆综合利用技术路线、模式和机制，并在政策扶持上积极向粮食生产大县及皖北地区倾斜。具体到淮北平原主产区，2016 年，安徽省农作物秸秆综合利用促进耕地质量提升确定了 5 个试点县，其有 3 个就地处淮北平原主产区，分别是阜阳市的临泉县、宿州市的灵璧县以及淮南市的凤阳县，并在实践中形成了灵璧县的秸秆清洁制浆模式、临泉县的秸秆制生物质天然气模式、凤阳县的秸秆炭基肥及气化发电联产模式等。2017 年，位于淮北平原主产区的利辛县、灵璧县、泗县、怀远县等入选 2017 中央财政农作物秸秆综合利用试点项目县(区)，在秸秆综合利用的重点领域和关键环节得到财政支持。2017 年，安徽省秸秆综合利用试点项目推荐指标共计 28 项，其中淮北平原主产区就占了 13 项(见表 5-11)，占比为 46.43%。

表 5-11　2017 年安徽省秸秆综合利用试点项目淮北平原主产区推荐指标

设区市	推荐数量	设区市	推荐数量
淮北市	1	阜阳市	3
亳州市	3	淮南市	1(含寿县)
宿州市	3(含灵璧县)	蚌埠市	2
总计			13

注：表中是文本数据，根据安徽省农业农村厅相关文件整理获得。

安徽省倾斜性的农作物秸秆综合利用试点项目使得淮北平原主产区农作物秸秆综合利用成效显著。处在淮北平原主产区的宿州市，其 2018 年农作物秸秆可收集量为 481.6 万吨，秸秆综合利用量 440.38 万吨，秸秆综合利用率达到 91.4%；2018 年宿州市产业化利用量占农作物秸秆利用总量比例达到 39.3%，能源化和原料化利用量占农作物秸秆利用总量比例达到 23.72%，其农作物秸秆综合利用水平已跻身安徽省首位。总体来看，淮北平原主产区各相关地方政府采取物化补助和购买服务相结合的方式，积极推进秸秆综合利用试点，基本上制止了露天焚烧秸秆的情况；秸秆直接还田和过腹还田水平大幅提升；耕地土壤有机质含量平均提高 1%，耕地质量明显提升；秸秆能源化利用得到加强，农村环境得到有效改善。

在《安徽省农作物秸秆综合利用三年行动计划(2018—2020 年)》中，规划了实现农作物秸秆综合利用目标的具体路径和重点工程，完善了用地、财政、金融、税收、电价、运输等产业支持政策，并制定了省农作物秸秆综合利用专项考核办法。与宿州市同处淮北平原主产区的淮北市，制定了《淮北市农作物秸秆综合利用三年行动计划(2018—2020 年)》，在实践中积极推进秸秆综合利用民生工程。在财政支持上，淮北市按照全省奖补标准落实秸秆禁烧和综合利用奖补政策，对小麦、玉米、油菜按 20 元/亩、水稻按 10 元/亩的标准进行奖补；对符合条件的秸秆产业化利用企业利用安徽农作物秸秆的，按水稻、小麦和其他农作物秸秆每吨 50 元、40 元和 30 元标准分别给予财政奖补；为了鼓励企业规模化、大批量开展秸秆产业化利用，在原有奖补基础上，淮北市对企业秸秆利用超出 3 万吨部分提高 30% 的奖补标准，超出 5 万吨部分提高 40% 的奖补标准，超出 10 万吨部分提高 60% 的奖补标准。同时，淮北市在秸秆综合利用农机购置、秸秆收储运和加工利用等方面加大补贴力度。2018 年至 2020 年，该市对中央财政农机购置补贴政策范围内秸秆综合利用农机装备全部实行敞开补贴；对纳入补贴范围的相关机具品目应补尽补。截至 2019 年 9 月，淮北市财政已向县区拨付秸秆禁烧和综合利用资金 844.68 万元，该市午季秸秆综合利用率已超过 90%。

　　总体来看，2017 年后，安徽省农作物秸秆综合利用的试点资金加大了向贫困县倾斜的力度，在淮北平原主产区农作物秸秆综合利用试点实践中，形成了试点结合扶贫的典型模式，如农作物秸秆收储运"灵璧模式"、濉溪县龙头企业带动秸秆产业扶贫模式等。2019 年 12 月，安徽省 2020 年中央财政农作物秸秆综合利用试点的 8 个县公示，其中有 5 个县即太和县、灵璧县、颍上县、利辛县、泗县都位于淮北平原主产区，这体现了安徽省对淮北平原主产区农作物秸秆综合利用工作的重视和政策的倾斜。

5.4　黄淮平原山东区域农产品主产区及其农业生态补偿现状

5.4.1　山东省的农业发展战略格局

　　山东省结合区域实情，构建了六大农产品供给功能区为主体的农业战略格局。即以基本农田为基础，以农产品主产区为基地，以优势农产品为核心，加快构建鲁北低洼平原大宗农产品供给功能区、鲁西南黄淮平原大宗农产品供给功能区、黄河三角洲农牧复合生态调节功能区、胶济山前平原及城郊文化传承休闲功能区、鲁中南山地丘陵农林复合生态调节功能区、鲁东丘陵高效农产品供给功能区，从而形成主要农产品供给保障有力、农业多功能优势互补的战略格局。而山东省的三个国家级农产品主产区则指的是鲁北农产品主产区、鲁西南农产品主产区和东部沿海农产品主产区，其总面积合计约 76 212 平方千米，占全省总面积的 48.5%。这三大农产品主产区是保障农产品供给安全的重要区域，也是现代农业建设的示范区和山东省重要的安全农产品生产基地。

5.4.2 黄淮平原山东区域农产品主产区的分布情况与功能定位

5.4.2.1 总体分布情况

黄淮平原山东区域主要指的是山东省西部黄河以南的区域，即鲁西南农产品主产区，其是我国大宗农产品供给的重要功能区。该区域土地资源较为丰富，依托区域农业资源优势，以确保粮食安全、减轻农业就业与生活保障压力、改善农业生态环境为目标，以科技进步为动力，以先进农机装备为保障，大力实施农业功能拓展战略，统筹粮林发展，改善农业生态环境，建设优质粮棉生产基地，以粮保畜，以畜促粮，培植农产品加工与流通业，实现粮食在产业循环链条中的互补增值。在鲁西南农产品主产区中，鄄城、郓城、梁山、东平4个县(市、区)粮食产量均在10亿斤以上，是山东省的粮食生产大县(市、区)；山东4个粮食总产量超过90亿斤的地级市中，鲁西南农产品主产区就占了2个，分别是菏泽市和济宁市。

5.4.2.2 具体分布情况

山东省占全国1%的水资源、5.6%的耕地，生产了全国7.6%的粮食、15.6%的蔬菜，为保障国家粮食安全做出了巨大贡献。从表5-12中可以看出，山东的鲁西南农产品主产区作为黄淮平原区的主要农产品主产区，涉及枣庄市、济宁市、临沂市、菏泽市、泰安市5个地级市下辖的21个市辖区(县或县级市)。

结合国家主体功能区规划与山东省的发展实际，鲁西南农产品主产区内的21个市辖区(县或县级市)又包含了46个重点开发城镇。其中枣庄市的薛城区、峄城区各有2个重点开发城镇，济宁市的微山县、鱼台县、金乡县、嘉祥县、汶上县、泗水县、梁山县各有2个重点开发城镇，临沂市的沂南县、郯城县、兰陵县、临沭县各有3个重点开发城镇，菏泽市的曹县、单县、成武县、郓城县、鄄城县、定陶区各有2个重点开发城镇，泰安市的宁阳县、东平县各有2个重点开发城镇。基于此，鲁西南农产品主产区主体功能主要依赖省级重点开发城镇之外的农业区来发挥。

表 5-12 黄淮平原农产品主产区山东区域分布情况

	设市区名称	县(市、区)名称	山东省重点开发城镇
鲁西南农产品主产区	枣庄市	薛城区	陶庄镇、邹坞镇
		峄城区	阴平镇、吴林街道办
	济宁市	微山县	韩庄镇、欢城镇
		鱼台县	张黄镇、老砦镇
		金乡县	胡集镇、羊山镇
		嘉祥县	疃里镇、大张楼镇
		汶上县	寅寺镇、郭仓镇
		泗水县	中册镇、杨柳镇
		梁山县	拳铺镇、韩垓镇
	临沂市	沂南县	大庄镇、铜井镇、青驼镇
		郯城县	李庄镇、高峰头镇、马头镇
		兰陵县	兰陵镇、向城镇、尚岩镇
		临沭县	蛟龙镇、青云镇、店头镇
	菏泽市	曹县	普连集镇、青岗集镇
		单县	黄岗镇、终兴镇
		成武县	大田集镇、汶上集镇
		郓城县	黄安镇、杨庄集镇
		鄄城县	什集镇、红船镇
		定陶区	陈集镇、冉堌镇
	泰安市	宁阳县	磁窑镇、华丰镇
		东平县	州城镇、彭集镇

注：表中数据是文本数据，根据《山东省主体功能区规划》整理获得，因为苍山县在2014年改为兰陵县、定陶县在2016年改为定陶区，所以表中对这两个地名用了最新称谓。

5.4.2.3 黄淮平原山东区域农产品主产区的功能定位与发展方向

黄淮平原山东区域农产品主产区主要指向鲁西南农产品主产区，现将其主导功能与发展方向梳理为以下四点。

一是加强农田水利基本建设，加大农业综合开发和中低产田改造力度，建设一批旱涝保收的高标准基本农田。

二是坚持以粮保畜、以畜促粮，大力发展黄牛、绵羊、肉鸽、麻鸭等规模化饲养，提高畜牧业的规模效益。

三是充分利用区域丰富的农作物秸秆资源，瞄准市场，加快发展食用菌产业，同时，辅以果菜、花卉、淡水养殖等产业的发展，拓展区域农业功能。

四是加快培植一批带动能力强的粮食加工与流通业企业群体，带动小麦、玉米生产基地建设、壮大棉花加工企业群体，带动棉花优势种植区域的棉花生产，以林木资源为依托培植桐木、杞条、杨木加工企业集群，逐步形成市场带龙头、龙头带基地、基地联农户，形成资源培育、林木加工、林产品交易三位一体的林业产业化格局。

5.4.3 黄淮平原山东区域农产品主产区农业生态补偿现状

山东省在全国率先启动耕地质量提升计划，其以农业生产发展资金、农业资源及生态保护补助资金为支撑，在农作物秸秆综合利用、耕地质量提升、耕地地力保护、有机肥替代化肥、畜禽粪污资源化利用等实践中取得显著成效。2015年，山东畜禽粪便利用率达到92%以上，秸秆综合利用率达到85%。2016年，山东财政大力促进农业资源保护利用，筹集资金2.4亿元支持实施耕地质量提升计划，继续开展测土配方施肥补助，推进生态农业示范县建设，实施农业农村废弃物综合利用试点。2017年，山东全省测土配方施肥技术覆盖率稳定在90%以上，水肥一体化新增面积173.44多万亩，化肥和农药实现用量和强度"双降"，农作物秸秆综合利用率达到89%，畜禽粪便处理利用率达到87.3%，"三品一标"认证产品达到7508个。具体到鲁西南农产品主产区，其与农业生态补偿相关的农业补贴项目主要体现在以下几个方面。

5.4.3.1 测土配方施肥与化肥农药减量增效

为了提高肥料资源利用率，减少因不合理施肥造成的农业面源污染，自2005年起，山东省财政针对全省所有农业县积极筹集资金，支持实施测土配方施肥补贴政策。补贴标准主要根据上年工作实绩、耕地面积、农作物种植面积等因素具体确定，一般县 15~40 万元，示范县 50~70 万元。2015 年，位于鲁西南农产品主产区的临沂市临沭县通过印发《临沭县农业局关于春季配方肥推广工作的指导意见》及《临沭县农业局、临沭县财政局关于印发〈临沭县中央测土配方施肥补贴项目实施方案〉的通知》，深入推进测土配方施肥工作，加强供肥网络建设。该县 2015 年新增配方肥推广联络员 60 个，增创标准化配肥站 1 个，标准化供肥点 1 个，先后与 10 多个新型农业经营主体展开合作，推广配方肥 2 400 余吨，辐射带动全县配方肥推广 7 000 余吨。2018 年，同样位于鲁西南农产品主产区的菏泽市定陶区积极推广水肥一体化，开展化肥、农药减量增效活动，其在全区 11 个乡镇、办事处，341 个行政村深入开展测土配方施肥普及行动，为全区14.29 万农户 88 万亩耕地免费提供测土配方施肥技术服务，实现 300 个行政村测土配方施肥技术全覆盖；同时该区全面推行高毒农药定点经营，建立高毒农药可追溯体系，推行农作物病虫害绿色防治技术，推广设施栽培生态消毒技术，适当发展大型施药器械和航空植保机械，不断提高农药的利用效率。

5.4.3.2 农作物秸秆综合利用

开展农作物秸秆综合利用试点，对于保护和提升耕地质量，实现"藏粮于地、藏粮于技"具有重要意义。2015 年，位于鲁西南农产品主产区的临沂市相关县市积极发挥财政资金的引导作用，加快推进农作物秸秆综合利用和保护性耕作。上半年市财政拨付财政补贴资金 1 050 万元对全市 40 万亩夏季小麦、30 万亩秋玉米开展秸秆还田，从源头遏制秸秆焚烧；为积极扶持秸秆青贮项目，市财政投入秸秆青贮池建设补贴资金 120 万元推广秸秆青贮氨化，实现秸秆过腹还田变废为宝；市财政还投入农村新能源建设项目补助资金 312 万元，重点推广农作物秸秆综合利用技术，建设向农户供气的农村社区联户沼气工程、农村沼气集中供气工程等。2016 年，同样位于鲁西南农产品主产区菏泽市的鄄城县承担了 2016 年国家级秸秆综合利用试点项目，争取到国家财政补助资金 1 000 万元，其当年完成秸秆全量腐熟还田 9.25 万亩，建设收储点 5 处，全县秸秆综合利用量达到

158.4 万吨，秸秆综合利用率提高到 94.3%，其秸秆还田的市场化长效运转机制已基本建立。

在《山东省加快推进秸秆综合利用实施方案(2016—2020 年)》指导下，2017 年山东省安排了 30 个县承担中央农作物秸秆综合利用试点项目，通过竞争立项，已确定在 7 个秸秆资源量大、综合利用基础好、禁烧任务重的县开展农作物秸秆综合利用试点，每县补助 1 000 万元至 1 400 万元，其中位于鲁西南农产品主产区的菏泽市成武县位列其中。而同样位于鲁西南农产品主产区的济宁市鱼台县在 2017 年通过项目示范带动，全县秸秆综合利用率已达 96%以上，其耕地土壤有机质含量平均提升 0.1 个百分点以上，基本建立了农作物秸秆收集储运体系，构建起了政府引导、市场主体、社会参与、布局合理、多方共赢的秸秆综合利用长效机制。2018 年，山东省确定的中央财政农作物秸秆综合利用试点县(市、区)共计 19 个，其中位于鲁西南农产品主产区的临沂市沂南县列居其中。总体来看，鲁西南农产品主产区承担中央农作物秸秆综合利用试点项目的各相关县市，不断加大资金整合力度，采取多种方式，加快探索行之有效的秸秆综合利用长效机制。

5.4.3.3 果菜有机肥替代化肥试点与畜禽粪污资源化利用

2017 年，农业部门启动"果菜茶有机肥替代化肥行动"，在全国范围内遴选了 22 个设施蔬菜示范县，位于鲁西南农产品主产区的郓城县就位列其中。2017 年，山东省组织安丘、金乡、平原、莘县和郓城等 5 县(市)开展蔬菜有机肥替代化肥示范，这其中的金乡县、郓城县就位于鲁西南农产品主产区。作为施蔬菜有机肥替代化肥试点县，从财政补助资金额度来看，金乡县结合国家现代农业产业园项目实施，郓城县获取专项补助 1 000 万元；从财政资金补助标准来看，每个项目实施主体补贴额不超过注册资本的 50%，补贴总额不超过 300 万元，商品(生物)有机肥补贴总额不超过 200 万元。从实施效果来看，以郓城县为例，其通过一年的努力实现了四个目标。一是示范区内化肥用量较上年减少 15%以上，辐射带动全县化肥使用量实现零增长；二是示范区有机肥用量提高 20%以上，全县畜禽粪污综合利用率提高 5 个百分点以上；三是着力打造了一批绿色产品基地、特色产品基地、知名品牌基地，示范区和知名品牌生产基地产品100%符合农产品质量安全行业标准；四是示范区土壤有机质含量平均提高5%以上，酸化、盐渍化等问题得到初步改善，耕地质量有所提升。

2018年，山东省新增了3个试点县，共计支持12个项目县实施果菜有机肥替代化肥项目，其中位于鲁西南农产品主产区的枣庄市新增了1个设施蔬菜有机肥替代化肥试点县。该试点县在果菜有机肥替代化肥工作推进中，与畜禽粪污资源化利用整县治理相结合，鼓励农民和新型农业经营主体使用畜禽粪污资源化利用产生的有机肥，集中推广堆肥还田、商品有机肥施用、沼渣沼液还田、自然生草覆盖等技术模式，开展有机肥统供统施等社会化服务，探索出了"果沼畜""菜沼畜"等生产运营模式，推进了本区域的资源循环利用。而在我国2018年畜禽粪污资源化利用整县推进专项拟储备项目中，山东有5县入选，其中位于鲁西南农产品主产区的有2个，分别是郓城县、汶上县。郓城县、汶上县按照政府支持、企业主体、市场化运作的原则，以就地就近用于农村能源和农用有机肥为主要利用方式，新(扩)建畜禽粪污收集、利用等处理设施及区域性粪污集中处理中心、大型沼气工程，实现了粪污处理和资源化利用，形成了农牧结合、种养循环发展的产业格局。预计到2020年年底，山东省畜禽粪污综合利用率会达到81%以上，规模养殖场粪污处理设施装备配套率会达到100%。

5.4.3.4 耕地地力保护与农机深松整地作业

随着农业农村发展形势的不断变化，原有农业补贴政策效应递减，政策效能逐步降低。2015，济宁市财政积极筹措资金，严格落实农业三项补贴改革。为了保持农业补贴政策的连续性，保证惠农力度不减，充分调动区域内农民的种粮积极性，位于鲁西南农产品主产区的济宁市以小麦种植面积为依据，按每亩不低于125元的标准，通过齐鲁惠民"一本通"发放耕地地力保护补贴，区域内种植小麦的农户都是受益主体。根据统计数据，2015年，济宁市直接发放到群众手中的农业补贴资金共计6.68亿元，用来支持耕地的地力保护，惠及了区域内的128.41万户农民，补贴的粮食种植面积达到了534.49万亩。

同在鲁西南农产品主产区的泰安市东平县，为切实发挥耕地地力保护补贴资金的使用效益，不断创新资金管理模式，对耕地地力保护补贴结余资金实行项目化管理。其按照"谁结余谁使用"的原则，以乡镇2014年核定的补贴面积为基数，用2015、2016年两个年度核减的补贴资金的80%共计325万元对符合条件的11个乡镇（街道）进行项目建设扶持，重点支持减少农药化肥施用量，用好畜禽粪便，多施农家肥；鼓励有效利用农作物秸秆，通过青贮发展食草畜牧业，禁止焚烧秸秆，控制农业面源污染；大力推广水肥一体化等农业绿色产业发展的重大技术措施，主动保护地力；鼓励深松耕地改善土壤耕层结构，提高蓄水保墒和抗旱能力；发展巩固城乡环卫一体化成果，搞好垃圾、污水处理和厕所改造，从而为农产品质量安全创造良好的环境。

《山东省2018年农机深松整地作业补助试点工作实施方案》要求以粮食主产区、平原地区为重点，在适宜地区开展农机深松整地作业1 200万亩，农机深松整地作业实行定额补贴，补助标准为每亩30元。鲁西南农产品主产区作为较为集中连片的粮棉主产区，区域内相关地方政府采取了政府购买服务、先作业后补助等方式，调动农机合作社等社会化服务组织发挥作用，并充分利用信息化监测手段提高监管工作效率，以保证深松作业的质量。按照2019年《山东省人民政府办公厅关于印发建立以绿色生态为导向的农业补贴制度改革意见的通知》，各地可以在工作基础好、改革意愿强的地方，以县（市、区，以下简称县）、乡镇或村为单位开展补贴资金集中使用试点，统筹用于农业生态资源保护。各地要切实强化耕地地力保护补贴政策实施管理，进一步完善补贴方式，严格补贴发放程序，切实加强补贴监管，严肃依法查处虚报冒领、骗取套取、挤占挪用等行为，确保补贴及时足额发放到位。

5.4.3.5 "三品一标"生态认证

农产品质量安全是一项系统工程，作为政府推动安全优质农产品的公共品牌，截至2017年年底，山东省"三品一标"有效企业数3 750家，产品数7 508个，较上年分别增长9.1%和21.8%。当前，山东省的"三品一标"总量位居全国前三，绿色食品有效用标数量位居全国首位。其中，位于鲁西南农产品主产区的各市、县区不断推进农产品品牌创建，制定了发展"三品一标"农产品的资金扶持、绩效考核等措施，对获得认证通过的"三品一标"农产品进行奖励补贴。在2019年鲁西南农产品主产区各市"三品一标"发展指导计划（表5-13）中，鲁西南农产品主产区各市"三品一标"产品总数为781个，其中产品总数最多的是菏泽，然后依次是济宁、临沂、泰安、枣庄。

表5-13　2019年鲁西南农产品主产区各市"三品一标"发展指导计划

地市	新发展产品数	持续用标产品数	产品总数
枣庄	50	76	126
济宁	65	84	149
泰安	55	76	131
临沂	85	52	137
菏泽	80	158	238
合　计	335	446	781

注：表中是文本数据，根据山东省农业农村厅相关文件整理计算得出。

其中，菏泽市定陶区大力推行标准化生产，加快定陶区农业生产基地化、标准化步伐。组织专家制定和印发了《黄瓜标准化种植操作规范》《山药标准化种植操作规范》等16个农业标准化操作规范技术手册或明白纸，下发到各生产企业、合作社及种植户，并加强标准实施的培训指导，加强农产品质量监管，并以龙头企业和农民专业合作社为主体，开展绿色食品和无公害农产品认证和产地认定工作。截至2018年9月，定陶区"三品一标"认证数为113个。

济宁市微山县充分发挥生态优势，坚持绿色兴农，以"双安双创"为抓手，加快农业新技术新成果新模式推广应用，大力推广设施高效农业、节水农业和水肥一体化、农作物秸秆综合利用、病虫害绿色防控等现代生产技术，让绿色成为微山农产品最鲜明的标志。微山县全力打响"微山湖"区域公共品牌，不断提升微山湖大闸蟹、微山麻鸭、两城大蒜、微山湖莲藕、微山湖乌鳢等农业品牌市场竞争力。2018年，该县新增"三品一标"认证农产品6个，其农产品标准化生产水平已经达到85%以上。

临沂市郯城县把加强优质农产品基地品牌建设作为发展现代农业、促进农业增效、农民增收的根本措施，积极开展农产品商品注册和农业"三品"认证的组织申报工作，通过宣传引导、资金扶持，加快推进农业标准化、品牌化建设，目前全县注册农产品商标 46 个，农产品基地面积突破 60 万亩，形成了南蔬菜、北杞柳、东林果、西银杏、中花卉的特色农产品产业新格局，实现经济效益 25 亿元。

5.4.3.6 对退耕还湿农民的生态补偿

山东省南水北调黄河以南段及省辖淮河流域生态补偿试点涉及枣庄、济宁、泰安、日照、莱芜、临沂、菏泽 7 市所辖县(市、区)，这其中位于鲁西南农产品主产区的就有 5 个，分别是枣庄、济宁、泰安、临沂、菏泽 7 市所辖的部分县(市、区)。南水北调黄河以南段及省辖淮河流域生态补偿试点中的补偿对象主要是指试点地区内为达到南水北调沿线污染物排放标准而利益受损的主体，其中因退耕还湿造成耕地面积减少的农民就是其中主要的补偿对象之一。

对退耕还湿的农民按退耕面积进行测算，实施退耕还湿第一年度原则上按上年度同等地块纯收入 100% 予以补偿，第二年度按纯收入 60% 予以补偿，具体标准由试点市根据当地情况确定。补偿资金由省及试点市、县(市、区)共同筹集，由省财政、环保、建设行政主管部门负责补偿资金使用的指导和监督；试点地区设区的市财政、环保、建设行政主管部门负责本行政区内补偿资金使用的指导和监督；试点地区县(市、区)人民政府负责本行政区内补偿资金支持项目的具体实施。补偿资金坚持"专账核算、专款专用、跟踪问效"的原则，以确保资金的安全、高效。

5.5 黄淮平原河南区域农产品主产区及其农业生态补偿现状

5.5.1 河南省的农业发展战略格局

河南省构建了以"三区十基地"为主体的农产品主产区战略格局，即构建以城市近郊都市高效农业区、黄淮海平原和南阳盆地优质粮食生产核心区、豫南豫西豫北山丘区生态绿色农业区为主体，以区域特色农业基地为依托的现代农业布局。河南省的农产品主产区具体包括黄淮海平原、南阳盆地和豫西山丘区的 66 个国家级农产品主产县，农产品主产区国土面积 8.69 万平方千米，占全省面积的 52.45%。河南省大力发展京广铁路沿线、南阳盆地、豫东平原和豫西、豫南浅山丘陵区的生猪产业基地，豫西南和豫东平原肉牛产业基地，沿黄地区和豫东、豫西南"一带两片"奶业基地，豫北、豫东肉禽和豫南水禽产业基地。以期通过努力建设形成郑州、许昌、洛阳、豫东开封商丘、豫南南阳信阳、豫北濮阳安阳花卉产业基地，中心城市郊区、传统优势区域和重要交通干线沿线地区蔬菜产业基地，大别桐柏和伏牛丹江茶产业基地，豫西、豫南高标准林果产业基地，沿黄河、淮河、淇河水产基地，豫西和豫西南中药材基地。

5.5.2　黄淮平原河南区域农产品主产区的分布情况与功能定位

5.5.2.1　总体分布情况

河南黄淮平原区是指位于河南省东部黄河以南的区域，主要涉及周口、驻马店、信阳、商丘四市，就是通常所说的黄淮四市。在河南省中原城市群、豫北、豫西、豫西南、黄淮四大经济板块中，黄淮四市是典型的农业大区，农业既是其发展的基础，又是其发展的优势所在。总体上来看，该区域耕地面积较多，人口及劳动力资源丰富，第一产业比重大，主要农副产品产量高，是河南粮食生产的核心区，生产的农产品主要为粮、棉、油、肉等。

5.5.2.2 具体分布情况

作为重要的农业区，农产品主产区以提供农产品为主体功能，承担国家粮食生产核心区建设的重要任务。目前河南黄淮平原区的农产品主产区主要涉及黄淮四市的 23 个县，具体分布情况如下表 5-14 所示。其中，商丘市涉及 6 个县，分别为虞城县、民权县、宁陵县、睢县、夏邑县、柘城县；信阳市涉及 3 个县，分别为息县、淮滨县、潢川县；周口市涉及 7 个县，分别为扶沟县、西华县、商水县、太康县、郸城县、淮阳县、沈丘县；驻马店市涉及 7 个县，分别为确山县、泌阳县、西平县、上蔡县、汝南县、平舆县、正阳县。同时，本着"面上限制、点上开发"的原则，在河南省的主体功能规划中，又对黄淮四市中列入农产品主产区的 23 个县中的部分乡镇确定为重点开发区，以期通过集中布局、点状开发，在县城及产业集聚区、专业园区适度发展非农产业，来避免因过度分散发展工业带来的对耕地过度占用等问题。

表 5-14　河南黄淮平原区的农产品主产区分布情况

地级市	农产品主产区具体县(市、区)
商丘	虞城县、民权县、宁陵县、睢县、夏邑县、柘城县
信阳市	息县、淮滨县、潢川县
周口市	扶沟县、西华县、商水县、太康县、郸城县、淮阳县、沈丘县
驻马店市	确山县、泌阳县、西平县、上蔡县、汝南县、平舆县、正阳县

注：表中数据是文本数据，根据《河南省主体功能区规划》整理获得。

5.5.2.3　农产品主产区的功能定位与发展方向

（1）功能定位与规划目标

农产品主产区的功能定位是：国家重要的粮食生产和现代农业基地，保障国家农产品供给安全的重要区域，农村居民安居乐业的美好家园，新农村建设的先行区。农产品主产区的规划目标主要涉及四个方面：一是使农业综合生产能力得到加强，农产品质量和效益显著提高；二是人口总量减少，人口质量提高；三是公共服务体系健全，公共服务均等化水平明显提高；四是建成新农村，小城镇和新农村建设有序推进，服务功能得到增强，村容村貌整洁。

（2）发展方向

以提高农产品供给能力为重点任务，重点实施高标准粮田"百千万"工程、现代农业产业化集群工程，着力保护耕地，建设全国粮食生产核心区，增强农业综合生产能力，大力发展现代农业，因地制宜地发展特色产业，增加农民收入，合理布局，优化开发，推进集约集聚，促进工业反哺农业、城市带动农村，加快社会主义新农村建设，引导农村人口逐步有序转移。

一是实施高标准粮田"百千万"工程。加强土地整治，加强规划、统筹安排、连片推进，加快中低产田改造，推进连片高标准基本农田建设。鼓励农民开展土壤改良。

二是实施现代农业产业化集群培育工程。支持发展农产品深加工和农村二、三产业，着力打造全链条、全循环、高质量、高效益的农业产业化集群，拓展农民就业和增收空间。大力扶持农业新型经营主体发展，鼓励土地承包经营权在公开市场上向专业大户、家庭农场、农民合作社、农业企业流转，促进农业适度规模经营。做大做强优势特色产业，建设一批现代农业示范区。

三是加强水利设施建设，加快新建水库建设、病险水库水闸除险加固、大中型灌区建设、排灌泵站配套改造、河道治理以及水源工程建设。推进小型农田水利重点县建设，鼓励和支持农民开展小型农田水利设施建设、小流域综合治理。建设节水农业，推广节水灌溉技术，发展旱作农业。

四是调整优化农业结构，加强农业布局规划。重点打造城市近郊都市高效农业区、黄淮海平原和南阳盆地优质粮食生产核心区和豫南豫北山丘区生态绿色特色高效农产品优势区，加强粮食生产加工基地建设，提高粮食综合生产能力和效益；推进优质畜产品生产和加工基地建设，提高农业生产规模化、集约化、标准化和产业化水平。在有条件的县城周边，规划建设一批具有城市"菜篮子"、生态绿化、休闲观光等综合功能的农业园区。

五是加强农业基础设施建设，改善农业生产条件。加快农业科技进步和创新，加快以小麦生产为主的农机装备建设，推进农机装备结构调整，不断创新农业生产和农机化生产方式，提高农业物质技术装备水平。强化农业防灾减灾能力建设。

六是以产业集聚区为依托，推进县城建设和非农产业发展，增强县城辐射带动能力。完善乡镇公共服务功能，改善人居环境。

5.5.3 黄准平原河南区域农产品主产区农业生态补偿现状

5.5.3.1 测土配方施肥等试点项目

根据农业部办公厅《关于编制 2008 年测土配方施肥补贴项目实施方案的紧急通知》和《2008 年河南省测土配方施肥补贴项目实施方案》的精神和要求，以位于黄淮四市的商丘市为例，2008 年商丘市共落实测土配方施肥补贴项目资金 555 万元，新建测土配方施肥补贴项目县 2 个（睢县、梁园区）；续建测土配方施肥补贴项目县 5 个（柘城、夏邑、虞城、民权、宁陵），巩固测土配方施肥补贴项目县 2 个（永城、睢阳区），测土配方施肥项目的实施，减轻了因施肥不科学带来的浪费和环境污染，实现了小麦亩节省化肥 3~5 公斤，亩增产粮食 30 公斤以上，亩节本增效 35 元以上的目标，促成了区域内的农业增效、粮食增产、农民增收。

在此基础上，商丘市不断巩固完善土肥测试体系建设，已建好的化验室能有效开展土肥测试工作，通过检测数据分析，为农业生产提供了有针对性的水肥追补依据。2010 年，国家下达商丘市测土配方施肥补贴资金 450 万元，全市 10 个项目共推广测土配方施肥面积 1 120 万亩，其中施用配方肥面积达 500 万亩，比上年增加 150 万亩，覆盖 4 626 个行政村，受益农户达 170 万户。据统计，2010 年全市小麦共推广应用测土配方施肥面积占麦播总面积的 70%，项目区小麦亩均增产比习惯施肥亩均多 23 公斤。在稳定粮食作物测土配方施肥的基础上，经济、园艺作物应用测土配方施肥技术进一步扩展，面积达到 131 万亩，平均每亩节本增效 55 元。全市测土配方施肥项目实施区总节肥 1.5 万吨（亩均节肥 1.5 公斤），总节本增效达到 4.5 亿元。2014 年，在企业自愿申报，县市考察论证的基础上，经过省级评审，厅领导同意等程序，位于黄淮四市的驻马店市泌阳县年加工 5 万吨有机肥扩建项目，作为河南省财政厅农业综合开发支持有机肥生产试点项目上报国家农业综合开发办公室确认备案，有力地推动了当地的有机肥替代化肥试点项目的推广工作。

5.5.3.2　耕地地力保护项目

2015 年之前，为了保护耕地质量，国家开展农业补贴，其目标是保障国家粮食安全、保持粮食价格稳定和增加农民收入。河南省的农业补贴主要包括对种粮农民的直接补贴、农资综合直接补贴、良种补贴和农机具购置补贴等。其中农民直接补贴包括耕地地力保护补贴与农机购置补贴。在《河南省财政厅关于做好 2013 年粮食直补和农资综合补贴资金兑现工作的通知》中，规定了 2013 年粮食补贴标准与 2012 年持平，粮食直接补贴按照每亩 10 元标准，农资综合直接补贴全省统一以每亩 96.74 元的标准进行补贴，位于黄淮四市的相关县市都得以覆盖。2015 年，根据《河南省财政厅河南省农业厅关于印发〈河南省调整完善 2015 年农业三项补贴政策实施方案〉的通知》，河南省将农业"三项补贴"合并为"农业支持保护补贴"。为积极稳妥地做好调整完善农业"三项补贴"政策的实施工作，位于黄淮四市的周口市结合自身实际，制定了《周口市调整完善 2015 年农业三项补贴政策实施方案》，将 80% 的农资综合补贴存量资金与种粮农民直接补贴资金和农作物良种补贴资金，统筹整合为耕地地力保护补贴资金，用来支持耕地地力的保护。

2016 年，河南省出台了《关于健全生态保护补偿机制的实施意见》，明确要建立以绿色生态为导向的农业生态治理补贴制度。一是要开展提升农田地力的生态补偿试点，严格控制农药、化肥等投入量，鼓励引导农民施用有机肥料和低毒生物农药，防止耕地退化和土壤污染；二是开展耕地地力评价，优先对生产能力低、耕地质量差、污染严重的耕地进行投入品管控；三是扩大新一轮退耕还林规模，逐步将 25°以上陡坡地、重要水源地 15°~25°坡耕地和严重沙化耕地退出基本农田，纳入退耕还林补助范围。位于黄淮四市的信阳市，根据《关于下达 2018 年农业生产发展资金耕地地力保护补贴及实施方案的通知》和《关于做好 2018 年耕地地力保护补贴兑付工作的通知》，全力推进耕地地力保护工作，其下辖的浉河区游河乡在 2018 年确定耕地地力保护补贴农户 12 907 户，补贴耕地面积 31 219 亩，其总计 3 740 980 元的耕地地力保护补贴额已在 2018 年 6 月底通过"一卡通"全部发放到位。根据《河南省 2019 年耕地地力保护补贴工作实施方案》，河南省在2019年向农民发放耕地地力保护补贴107.4亿元。位于黄淮四市的相关县市结合本地实情具体确定补贴对象、补贴方式、补贴标准，并以绿色生态为导向，探索将补贴发放与耕地保护责任落实相挂钩，引导农民自觉提升耕地地力，切实稳住了粮食的生产基础。

5.5.3.3 畜禽排泄物资源化利用项目

强化畜禽排泄物治理，以多种方式综合利用畜禽排泄物资源，提高畜产品在生产和消费过程中与环境的相容度，消减其对环境带来的负面影响，是发展循环经济、促进经济与生态和谐发展、人与自然和谐相处的有效途径。为深入贯彻落实国务院《关于支持河南省加快建设中原经济区的指导意见》，位于黄淮四市的驻马店根据国务院发布的《畜禽规模养殖污染防治条例》《国务院办公厅关于加快推进畜禽养殖废弃物资源化利用的意见》《河南省碧水工程行动计划》以及河南省《关于进一步加强畜禽排泄物治理工作的指导意见》等文件精神，转变驻马店畜牧业发展方式，其以创建河南省生态畜牧业示范市为目标，以大中型畜禽养殖、农作物种植、农产品加工等龙头企业为重点，大力推进西平县、泌阳县绿色发展示范县创建活动，不断强化畜禽规模养殖场配套建设粪污处理与综合利用设施建设。

在实践中，驻马店市积极统筹财政资金，重点支持生态畜牧业示范场创建、畜禽粪污处理设施建设等。其下辖的各县区每年也安排一定额度财政资金推进畜禽养殖废弃物资源化的利用，积极推广粪污全量收集还田利用、专业化能源利用、固体粪便肥料化利用、异位发酵床、粪便垫料回用、污水肥料化利用、污水达标排放等利用模式。到2018年年底，驻马店全市建设农牧结合生态养殖场300个以上，创建生态畜牧业示范场30个以上，创建国家级标准化示范场20个以上，畜禽规模养殖场配套建设粪污处理与综合利用设施比率达到100%。按照目前的发展态势，到2020年年底，驻马店全市培育农牧结合生态养殖场将达到500个以上，创建生态畜牧业示范场50个以上，创建国家级标准化示范场30个以上，畜禽粪污综合利用率将达到75%以上。

5.5.3.4　农作物秸秆综合利用生态补偿项目

作为支持农业资源生态保护和面源污染防治的主要内容之一，河南省大力推进农作物秸秆综合利用试点。根据《财政部关于印发〈秸秆能源化利用补助资金管理暂行办法〉的通知》和河南省上报财政部秸秆能源化利用的项目情况，2012 年，河南省对河南省富利新能源科技有限公司、商丘三利新能源有限公司、河南奥科新能源发展有限公司三家企业申报的秸秆能源化利用项目进行补助，其中河南省富利新能源科技有限公司、商丘三利新能源有限公司位于黄淮四市农产品主产区，其秸秆能源化利用补助的资金指标见表 5-15。

表 5-15　2012 年黄淮四市农产品主产区秸秆能源化利用补助资金指标表

单位：吨

市地	项目单位	项目类型	秸秆能源产品销售	折合应补秸秆量
周口市	河南省富利新能源科技有限公司	成型燃料	20 406	23 263
商丘市	商丘三利新能源有限公司	成型燃料	44 226	155 500
		秸秆干馏	炭 30 474、燃气 1 500 万立方米	

注：表中是文本数据，根据河南省财政厅相关文件整理得出。

在黄淮四市农产品主产区，驻马店市 2017 年秋季的秸秆禁烧和综合利用工作成效显著。驻马店市根据"蓝天卫士"监测和市禁烧办对各县区秸秆焚烧查实的情况，按照《驻马店市人民政府关于进一步加强秸秆禁烧和综合利用工作的意见》精神，在报经市政府审核批准后，对秋季秸秆禁烧和综合利用工作成效显著的西平县、遂平县、平舆县、确山县予以通报表扬，并分别奖励资金 20 万元、20 万元、10 万元、10 万元；对秋季发生焚烧秸秆行为的上蔡县、正阳县、汝南县予以通报批评并从其县财力中直接扣减资金以示处罚，其中上蔡县直接扣减 34 万元、正阳县直接扣减 24 万元、汝南县直接扣减 3 万元，扣减资金合计 61 万元。

5.6 黄淮平原农产品主产区农业生态补偿现状评析

生态补偿是党中央确定的生态文明制度建设的重要内容，对调动各方积极性、保护好生态环境具有重要意义。在国家、地区农业生态补偿政策指引下，近年来黄淮平原农产品主产区的相关县市、各有关部门，结合本区域的实际情况，因地制宜，有序推进农业生态补偿机制建设，在农作物秸秆综合利用、农作物秸秆机械化还田、畜禽排泄物资源化利用、耕地地力保护、测土配方施肥等农业生态保护补偿工作中取得了阶段性的成果，特别是农作物秸秆综合利用、有机肥利用和畜禽规模养殖排泄物方面的补偿政策对推动黄淮平原农产品主产区发展循环农业发挥了重要作用。这一方面有利于提升当地农民的农业生态环保意识，另一方面也有利于统筹推进山水林田湖草系统治理，推动农业农村的绿色发展。但总体看，位于黄淮平原农产品主产区的苏北平原、淮北平原、鲁西南农产品主产区、黄淮四市的农业生态补偿工作仍以试点为主，补偿资金主要依赖中央财政与地方财政，各地区的补偿内容、补偿政策、补偿标准等存在一定的区域差异性，重点推广的农业生态补偿项目也各有侧重，但都存在补偿政策延续性不强、补偿标准偏低、补偿范围较窄、企业和社会公众参与度不高、优良生态产品和生态服务供给不足等矛盾和问题，亟须完善农业生态补偿政策体系，探索建立健全政府主导、企业和社会参与、市场化运作的可持续农业生态补偿机制。

第六章　黄淮平原农产品主产区农业生态补偿政策存在的问题与破解对策

　　农业生态补偿是生态补偿的一个重要领域，由于农业生态环境恶化，我国制定了一系列的补偿政策与措施来进行治理。截至目前，这些补偿政策与措施在实施中取得了较为明显的效果，使得农民的生态保护意识有所增强，农业生态生产环境有所改善，一些地区的产业结构也由此得以升级，从而促进了当地的农业增效、农民增收。但综合来看，我国的农业生态补偿因为各地区地理环境和社会经济环境的差异，其相关政策在制定与实施中还存在一些缺陷，需要深入研究来解决面临的政策困境。

6.1　黄淮平原农产品主产区农业生态补偿政策存在的问题与成因

　　迄今为止，黄淮平原农产品主产区的农业生态补偿政策实施已获得了较为明显的环境效益和社会效益，农民的生态保护意识有所增强，农产品主产区的农业生态、农业生产环境有所改善，耕地的综合效益不断提高，部分地区的产业结构得到较为合理的调整，这在一定程度上促进了农业增效、农民增收以及农村美化。但现阶段我国的农业生态补偿不管是理论研究还是实践探索都还处于初级阶段，在这样的大环境下，黄淮平原农产品主产区各具体区域的农业生态补偿政策无论是在政策制定、政策执行还是政策支撑方面都不可避免地存在着这样那样的一些问题。

6.1.1　农业生态补偿政策制定方面的问题与成因

　　在农业生态补偿政策制定时，一般都会涉及谁补偿、谁受偿(补偿主客体)、补哪些(补偿范围)、补多少(补偿标准)、怎么补(补偿方式)等方面，这些方面组成了农业生态补偿的基本要素。基于此，本书围绕农业生态补偿的基本要素分析黄淮平原农产品主产区农业生态补偿政策制定中存在的主要问题。

6.1.1.1　农业生态补偿主客体

农业生态补偿的主客体问题，是明确谁给谁补偿的问题。农业生态补偿的主体，通常是指农业生态补偿的具体实施者。目前，理论界对补偿主体的认定包括：政府、市场以及非政府组织等。但在黄淮平原农产品主产区的各具体区域内，农业生态补偿依然是以政府补偿为主导，在各项有关农业生态补偿的条文中，"国家给予补助"的字眼出现比较频繁，且在相关条款中其他社会主体参与补偿的规定涉及较少。但政府并非农业生态服务价值系统唯一的受益者，也不是农业生态系统的破坏者，让其为生态破坏付费有损民法的公平原则；同时，农业生态环境作为一种公共物品，其被个别主体所消耗或破坏却由纳税人买单也不符合"谁受益谁补偿"的生态补偿原则。

政府主导型的这种单一生态补偿模式使一部分利益相关方置身事外，这不利于激发农业生态补偿的市场活力，不利于有效调动各方保护农业生态环境的积极性。因此，应该纳入更广泛的补偿主体，如市场补偿、民间补偿和非政府组织的补偿等。对于补偿客体，从理论上来说，凡是减少农业生态环境破坏行为以及实施农业生态环境保护措施的广大农民和由此带来的发展受到限制的地区都可以成为补偿的受益者。因此，农业生态补偿的客体不仅是人，也可以是地区。但是在黄淮平原农产品主产区，目前其农业生态补偿的客体一般还是农民或农户；加上部分试点性的农业生态补偿项目不具有普惠性，农业生态补偿的受益主体依然有限。

6.1.1.2　农业生态补偿标准

补偿标准是农业生态补偿的核心，其通常可以采用条件价值法（CVM）、当量因子法、生产函数法、规避成本法、乐享价值法、替代成本法以及旅行成本法等来测算。现阶段，我国政府和有关方面对生态补偿标准等问题尚未取得共识，缺乏统一、权威的指标体系和测算方法，加上各部门、各地区的发展情况不一致，补偿对象也有较大的差异性，这就使得想因地制宜制定补偿标准存在很大的难度，实务中有关农业生态补偿标准的测算往往缺乏科学性。反映在黄淮平原农产品主产区，其目前开展的农业生态补偿项目补偿标准普遍缺乏弹性。从补偿政策上来看，目前所实施的大部分农业生态补偿项目在补偿标准上高度统一，并没有根据地区、农业区域面积、补偿对象的体量大小等因地制宜地制定不同的补偿额，这种单一化的补偿标准虽然有利于提高补偿效率，防范地方政府高估高要超额补贴的道德风险，但由此形成的平均化思维影响地方政府开展农业生态补偿的积极性与主动性；也使农业补偿受体参与补偿的程度不高，出现了有些地区补偿不足、有些地区过度补偿的现象。

　　同时，政府确定的补偿标准在很大程度上重经济价值轻生态价值，对因实施补偿项目给农民带来的机会成本、发展成本等考虑不足，如退耕还林补偿标准就远低于土地亩收入的经济效益，使得农民因生态保护而牺牲的经济利益和发展权益无法得到有效弥补，这会挫伤农民参与农业生态环保的积极性，甚至会倒逼其为解决生存问题加重损害生态环境。同时，现阶段农业生态补偿标准的确定对于经济作物品种之间的差异显示不明显，在同一补偿标准下，因缺少对补偿作物品种的界定导致农民忽视生态效益，而是将能否带来直接经济效益作为选择生产作物的标准，这违背了农业生态补偿的初衷。加上补偿标准在制定时缺乏利益相关者的广泛参与和基于市场的分析评估，导致确定的补偿标准往往低于农户维护和改善农业生态系统服务所支付的机会成本。此外，农业生态补偿对象广泛，政府财政资金有限，对黄淮平原农产品主产区而言，其所推行的相关农业生态补偿项目补偿标准偏低就成了一个不争的事实。

6.1.1.3　农业生态补偿范围

　　按照对农业生态补偿概念的理解，农业生态补偿的范围应当包括对农业生态系统中的各种资源与生态环境进行保护及使其增值的一切行为。也就是说，农业生态补偿的范围，从理论上看既要包括对所有耕地、水域、森林、草原、湿地、生物多样性等破坏的治理项目或行为的补偿，也要包括对其破坏预防项目或行为的补偿，以及维持其优美生态环境的补偿。据此就勾勒出农业生态补偿的具体范围：一是对治理与恢复已遭破坏的农业生态环境所给予的补偿，如退耕还林、退牧还草、生态移民等；二是对面临破坏的生态环境进行预防与保护所给予的补偿，包括农业区域规划、替代农用化学品的研发使用等能源污染综合防治、保护性耕作及其他可持续农业生产措施、生态农业发展等；最后是对农村清洁能源开发和利用所给予的补偿，包括农业废弃物的资源再利用、沼气工程、小水电、太阳能、风能等能源的开发利用等。

黄淮平原农产品主产区农业生态系统种类丰富，数量庞大，但其目前的农业生态补偿仍然以试点为主，覆盖面较窄，主要围绕农作物秸秆综合利用、畜禽排泄物资源化利用、耕地地力保护、测土配方施肥等方面展开，虽取得了一定的成效，但所实施的补偿项目有限且随意性大，补偿范围界定的也不是太清晰。反映在补偿对象层面，事关农业生态转型的土壤、水、绿色投入品和替代技术、有机食品研发与生产、农业生态补偿相关知识推广等内容尚未纳入农业生态补偿制度框架的补偿范畴。因为黄淮平原农产品主产区的农业生态补偿范围较窄，所以其从利益导向的角度推动区域内农业生态环境保护的成效有限。

6.1.1.4 农业生态补偿方式

现阶段，农业生态补偿的资源主要有五大类，即资金、实物、技术、智力与政策。其中资金补偿作为一种基础性的补偿方式，其主要通过财政转移支付、专项拨款、补贴、赠款、退税等方式实现。实物补偿是补偿主体给予补偿客体各种实物，以提供其所需的部分生产、生活要素来提高其生产、生活能力，如政府可以为退耕还林、退牧还草的农户提供粮食补助等。技术与智力补偿的形式基本一致，主要是向农民提供农业基础科学与农业应用技术方面的咨询、培训、指导等服务及行为道德教育，以提升其农业生产效率。政策补偿通常与中央政府对地方政府、地方政府对农民、或中央政府直接对农民实行相关的农业优惠政策有关，这是对相关主体开展农业生态保护活动进行的一种权利或机会补偿，以此来激励相关行为，推动地方经济发展。

黄淮平原农产品主产区的农业生态补偿方式在政策设计上以资金补偿和实物补偿为主，其中用得最多的是资金补偿，其最大的优点是通过直接支付能让受偿者获得看得见摸得着的利益，这也是大多数农业生态补偿客体比较乐于接受的补偿方式，但这种补偿方式也存在诸多不足。一是资金补偿针对性不强，不能确保补偿自己全部用于农田生态系统的保护，即便全部应用，因缺乏操作规范、技术指导等条件，资金使用效率也难以得到保障；二是资金补偿多为年度一次性补偿，不具有可持续性，直接补偿并没有在农田生态系统的可持续发展中得到充分体现。农业生态补偿要求农民参与到农业生态系统的恢复与维护中去，并能够充分利用农业生态系统提供经济价值和生态价值。近几年黄淮平原农产品主产区的不少市、县也在不断通过市场机制激发补偿方式的多样性，如土地流转、异地开发、水权交易等，但整体比重很小，作用未能有效发挥。现阶段单一的资金补偿方式大大削弱了农民对农业生态补偿制度的参与水平，导致农民不能尽快适应农业生态补偿制度下的全新生产模式，不利于农民经济效益可持续增长，也不利于我国生态农业的可持续性发展。

6.1.2 农业生态补偿政策执行方面的问题与成因

6.1.2.1 补偿机制未能有效发挥作用

政府补偿与市场补偿是农业生态补偿的两种十分重要的实现形式，我国当前农业污染压力增大，生态破坏情况复杂、环境保护涉及利益主体较多，需要进一步对我国的农业生态补偿机制进行完善。基于此，党的十九大报告提出要"建立市场化、多元化的生态补偿机制"。但在实务界，我国当前的农业生态补偿依然以政府补偿为主，主要是通过政府的财政转移支付、财政补贴、行政管制等具体手段实施，而实际上市场补偿在我国农业生态补偿制度中所占的比重微乎其微，这主要由以下三个方面的原因造成：一是我国农业生态补偿的实施缺乏完善市场机制的政策环境；二是我国实施农业生态补偿的市场机制不健全，基于市场交易的生态补偿实施手段比较单一；三是农业生态补偿实践中缺乏受益者和受损者谈判交易的平台，双方难以进入市场通过谈判顺利实现利益的均衡。

现阶段我国政府补偿主导、市场补偿缺位的现状一方面会影响相关主体保护和改善农业生态环境的主观意愿；另一方面也有可能使那些因保护生态环境使自身利益受损的参与者反过来报复性使用生态环境而影响农业生态补偿政策的实施。所以，各级政府应加快健全农业生态补偿的机制体系，积极引导更多市场主体及环境非政府组织参与到农业生态补偿中来。就黄淮平原农产品主产区而言，其各区域的农业生态补偿同样以政府直接补偿为主，主要表现为省级政府直接将中央拨来的专项资金投入到农业生态补偿中，这种初级的"输血型"补偿因为缺乏对补偿资金使用的强制性约束，很可能使补偿资金转化为消费性支出，这不利于农户自我发展机制和能力的建立，也不利于将外部补偿转化为自我积累、自我发展能力。

6.1.2.2 补偿资金来源过于单一

我国农业生态补偿资金来源渠道、使用方式不够规范。首先，补偿资金主要依靠中央财政转移支付和专项基金，地方政府投入作为辅助来源，而企事业单位投入、优惠贷款、社会捐赠等其他渠道明显缺失。如对国家水土保持相关重点项目，明确规定中央财政拨款的比例不应超过百分之七十，其他部分由地方政府出资；而退耕还林项目所需要的补偿资金，则是由中央财政部全额出资。由此可见，国家纵向财政转移支付占绝对主导地位，而不同利益相关者之间的横向转移支付非常少，更没有大规模的环境资源税收入与不菲的社会捐赠。由此可见，我国农业生态补偿中的资金来源过于单一的问题亟待解决。

目前，黄淮平原农产品主产区的农业生态补偿资金主要来源是中央及相关省份地方政府的财政支付，很少有民间资本参与。在政府资金构成中，中央政府支出比重较大，省级地方政府一般辅助承担。其中，中央政府主要负担向农户无偿提供粮食、现金补助、实物补助、技术补助等补偿；各级地方政府则是落实和完成补偿任务，同时承担落实补偿政策中产生的工作费用，以及承受在补助停止后可能产生的税收收入减少的负担。在前期的调研和访谈中发现，黄淮平原农产品主产区大部分县区的农户都普遍认可"谁使用，谁付费"的补偿原则，但在实务中，黄淮平原农产品主产区主要区域的农业生态补偿并不需要农户出资，而是以政府补贴或补助为主，这给政府财政带来了巨大压力，但却不能完全弥补农业生态补偿资金的缺口，反而在一定程度上限制了农户参与农业生态补偿的积极性。

6.1.2.3　利益相关者参与度不高

目前，我国参与农业生态补偿的个体主要有中央政府、地方政府和农户等。总体上来看，中央政府为了国家长久的生态安全，愿意支付农业生态补偿的各种补助及执行补偿政策所产生的行政性费用；愿意承担因实施农业生态补偿所可能引发的粮食减少损失、财政收入下降等机会成本。但地方政府推行农业生态补偿的动力却明显不足，因为实践中虽然施行了退耕还林等财政转移支付或赋税减免政策，但现有补偿政策存在着结构性的政策缺位，致使很多地方把农业生态补偿看作一种补助、补贴或福利，随意性较大，由此引发了"寻租"等一些权力腐败问题。同时，基层政府从事具体的补偿工作，其财政支付能力会对农业生态补偿的进度与水平产生重要影响。黄淮平原农产品主产区的相关区域近几年经济实力都有所增强，但受地区经济基础、资源环境、区域政策等影响，苏北平原农业区、淮北平原农业区、鲁西南农产品主产区、黄淮四市在经济实力上还是存在一定差距。加上部分地方政府对农业生态补偿的重要性认识不足，在城乡二元结构下"先预防后治理"的现代环保理念还未完全树立，不少地方在经济发展与粮食安全生产压力下大力发展现代农业，致使土地利用强度加大；农业生态补偿政策的推行也会对地方经济发展权限产生影响，从而产生了不小的机会成本。

而广大农户因受物质水平与经济条件较低、农技推广力度不足、关键性环保技术不成熟以及自身文化素质与环保知识欠缺等影响，其主动保护农业生态环境的意识不强，对农业生态环境危害源与危害度的认识不足。对黄淮平原农产品主产区的农户来说，其在农业生态补偿项目中的直接成本主要是执行费用，间接成本则是因接受补偿政策而减少的收益。由于当前农民获得补偿的经济性较弱，这无疑会降低其补偿收益，加上农业生产特性导致其面对的市场风险、经营风险和政策风险较大，使得其长期收益具有较强的不确定性。在农业生态补偿工作推动下，这些农户对农业生态环境问题虽有关注，但其参与保护农业生态环境、控制农业生态环境污染的意愿并不高，在实务中主要表现为缺乏参与农业生态补偿的内在动力。

6.1.2.3 补偿监管力度不够

我国农业生态补偿监管缺失问题较为严重，这影响了农业生态补偿制度的有效实施，黄淮平原农产品主产区作为我国主要的粮食生产区，其自然也不例外。首先，我国农业生态补偿缺乏相应的法律法规支撑，对农业生态补偿的概念、范围、标准缺乏统一规制，导致包括黄淮平原农产品主产区各区域在内的不少地区出现资金使用不规范等问题，这会损害农民的权益，而农民却很难通过法律手段开展合理维权。

其次，农业生态补偿问题涉及的管理部门众多，现阶段各管理部门职责分工不是很明确，农业生态补偿的审批程序和相关机构设置不尽合理，容易引起管理矛盾和政策冲突。尽管我国 2014 年修订的《环境保护法》明确以各级政府的环境行政主管部门作为综合性环境管理的职能部门，但在我国现有的农业生态补偿制度设计中，生态环境行政主管部门与其他业务部门如农业农村、自然资源、水利、工商等部门之间的分工、合作内容并不是很明确，导致其在实践中无法发挥对农业生态补偿的统一监管职能，其他同级的业务主管部门也很难准确有效地配合生态环境部门履行相应职责，使得黄淮平原农产品主产区的农业生态补偿管理难以形成合力，出现了互相推诿责任或发生管辖冲突等监管不力的问题，这不仅会耽误农业生态补偿项目的运行，也会使作为补偿参与方的农民权益受损。

最后，农民没有获得监督主体地位。农业生态补偿遵循的是生态优先原则，具体实施应该因地制宜。但当前黄淮平原农产品主产区的农业生态补偿政策依旧是由政府直接掌控，具体补偿措施都由上级部门决策，执行的是"上令下行"的单向流程，使得最了解当地生态状况的农户未能充分参与进政策空间和相关机制，这严重影响了农业生态补偿政策实施的功效。同时，相对于农业生态环境问题，大部分农户更重视其日常的生活环境，更看重实实在在的短期经济利益。现阶段，黄淮平原农产品主产区很多地区的农户处于被动参与补偿的状态，农民在农业生态补偿中的监督主体作用没有得到充分体现，这会降低其对农业生态补偿的认同感和接受度，难以保障农业生态补偿的正常运行，更不能确保自身权益受到保护。

6.1.2.4　政策评价与成果转化不足

首先，黄淮平原农产品主产区的农业生态补偿政策评价不到位。黄淮平原农产品主产区目前的相关利益群体对于农业生态补偿政策实施的态度如何、农业生态补偿政策实施的效果如何、农业生态补偿是否达到了阶段性的预定目标、农业生态补偿资金是否被合理监督和使用等，这些与农业生态补偿政策实施有关的问题，目前还没有一个科学合理的实施评价标准与评价方法。

其次，为了兼顾农业生态补偿的双重目标，即既要恢复和保护农业生态系统，又要通过补偿农民为提升农业生态系统服务价值而投入的成本以增加农民收入，需要将农业生态补偿成果适时、适宜转化为经济效益作为农业生态补偿效果评价的一项重要任务。随着农业生态补偿制度的深入实践，农产品质量会因农民在生产过程中对生态成本投入的增加而得以提升，各种各样品质更高、质量更安全的农产品会相继上市交易。但在黄淮平原农产品主产区各具体区域的农产品市场中，目前还没有完全启动对农产品安全的严格检测，也没有对不同品质、不同生态安全的农产品进行逐级区分，更没有以此为基础确定不同层级安全标准的农产品价格基数，这使得一些无公害农产品、绿色食品、有机农产品和带有农产品地理标志的农产品未能在交易中为生产者获取其应得的经济效益，这给生产农民带来了一定的经济损失。

6.1.3　农业生态补偿政策支撑方面的问题与成因

6.1.3.1　法律政策体系不完善

近年来，我国也出台了不少有关环境保护、农业资源利用和生态补贴的法律法规，如《水污染防治法》《农业法》《环境保护法》《退耕还林条例》《土地保护法》《基本农田保护条例》等。这些法律法规为我国开展退耕还林还草、粮食直补、保护性耕作等农业生态补偿试点提供了依据，在实践中也取得了一定成效。但我国现有的相关法律法规关于农业生态方面的论述比较模糊、分散，存在无专门的农业生态补偿法律法规、相关法规政策系统性不强、农业生态补偿监督机制缺乏、激励性政策机制不到位等问题，起不到法律法规应有的规范、约束作用，这对当前我国农业生态保护工作的开展造成了一定困扰。以我国 2014 年的《环境保护法》为例，其并没有对农业生态补偿制度做出可操作性的规定。目前已颁行的其他一些相关法律法规大多涉及的是农业生态系统环境保护、农村环境保护与建设方面的内容，农业生态补偿大多是从政策层面予以规定，这使得我国生态补偿方面的法律法规不能上下衔接，出现较为严重的"断层"，一些地方性的补偿规定也缺乏对本地区生态环境的深入考虑，有些甚至没有具体的实施细则。这导致现有的农业生态补偿依据繁乱混杂，缺乏有效的法制保障，很难适应现实需求。

反映在黄淮平原农产品主产区，由于缺乏统一的农业生态补偿单行法，致使补偿实施时没有严格的可执行法律依据，其区域内各具体市县的农业生态补偿相关法规政策不完善，各级政府在具体落实时，因补偿主客体不明确、补偿标准不灵活、补偿方式单一、财政负担较重等问题会加大实际工作难度，这在一定程度上阻碍了农业生态补偿制度的实施，也在一定程度上制约了区域内农业经济的发展。同时，农业生态补偿法律体系的缺失还会引起利益相关者权益分配不合理、补偿事项不明确等问题。此外，黄淮平原农产品主产区的环境保护法规政策体系中，还存在着自然资源利用(侧重于利用资源)和农业生态补偿(侧重于保护生态环境)相分离的情况，这使得相关部门在行使权力时很难做到有效配合。目前，包括黄淮平原农产品主产区在内的我国农业供给侧结构性改革正处于深水区，急需通过健全农业生态补偿法律政策体系来推动我国现代农业的产业化转型。

6.1.3.2 财税政策保障不到位

我国公共财政制度存在缺陷，农业生态补偿的财政补贴和税收政策不够完善。现阶段，我国农业生态补偿资金来源主要依赖于政府公共财政，这种由政府主导的单一型补偿资金来源虽具有交易成本低的优点，但却加大了补偿制度的运营成本，加上农业生态环境需求不断增加给政府带来的新经济压力，使得我国的农业生态补偿范围、补偿能力受到限制。在支付方面，目前我国的财政转移支付体系也不成熟，农业生态补偿项目在横向支付中所占的比重较小。在实施农业生态补偿时，部分地区主要采取暗补方式进行农业补贴，导致农民没有成为直接的补偿受益者，这也与宣传的"谁开发谁保护，谁利用谁补偿"的原则有冲突。在税制安排方面，我国现行税法体系中与生态环境有关的税种主要有资源税、消费税、固定资产投资方向调节税、城建税、城镇土地使用税和耕地占用税，其中资源税、城镇土地使用税和耕地占用税与农业生态环境关系较为密切。尽管这些税种在减消环境污染、加强环境资源保护方面发挥了一定作用，但因为其在设计时对生态功能考虑较少，致使其生态补偿作用发挥有限。

具体到黄淮平原农产品主产区，其区域内的苏北平原农产品主产区所在的江苏省已将环境财政纳入公共财政体系框架，不断强化政府的环境财政职能，重点扶持具有明显生态功能的生态红线区，而对其他的非生态红线区域的补偿如农业生态补偿主要是利用专项财政资金，对影响农业生态的一些主要因素如农作物秸秆综合利用、测土配方施服、商品有机肥的推广使用等给予补贴或奖励。苏北平原农产品主产区的各市县也积极配合省财政局、省环保局的工作，在市县财政中安排部分资金以确保农业生态安全，这在实践中取得了一定成效。但目前黄淮平原农产品主产区的农业生态补偿依然主要依赖政府"外部输血"，补偿资金来源单一、投入资金总额有限，难以满足农业生态保护与生态建设的资金需求。同时，在农业生态补偿中央财政、省财政转移支付中，因农业生态环境管理牵涉部门较多，导致农业生态补偿部门化现象严重；加上部分地市级政府很少提供相应的配套资金，致使补偿可用资金额有限，部分补偿项目实施效果不明显。要解决农业生态补偿中的资金不足问题，保障补偿资金的持续投入，一方面需要推动农业生态补偿主体的多元化；另一方面加快税收"绿色化"改革，不断规范相关税费制度设计，积极构建农业生态税收法律体系。

6.2　黄淮平原农产品主产区农业生态补偿的主要原则

为了更好地推动黄淮平原农产品主产区的农业生态补偿工作，根据2016年5月国务院办公厅发布《关于健全生态保护补偿机制的意见》的核心思想与有关规定，结合黄淮平原农产品主产区的主体功能定位，认为其农业生态补偿应坚持以下原则。

6.2.1 "生态优先、恰当定位"原则

进行农业生态补偿的目的是为了维护农业生态环境，保护耕地等农业资源，促使利用科学合理的发展方式推动农业生态的长期良性发展。因为农业生态补偿与农业经济发展相互影响，在开展农业生态补偿时必然会涉及一些相关主体的经济利益分割，但农业生态补偿说到底是为了解决农业生态问题，采用经济补偿只是解决这一问题的一种重要且便捷的手段，两者不能混为一谈。为了确保农业生态补偿的长期效应良性可期，在确定农业生态补偿机制相关运行规则时，首先要坚持生态优先原则。

《关于健全生态保护补偿机制的意见》将生态补偿范围限定于生态保护领域，这在大体上排除了生态建设领域的补偿。具体到农业生态补偿领域，开展对农业生态系统的保护者的生态补偿，对相关的使用者、受益者、破坏者进行收费是题中应有之意，但农业生态补偿不是针对贫困农户开展的扶贫工作，相关的农业生态补偿补贴更不是贫困补助，也不是为了缩小农产品主产区贫富差距进行的利益输送。这就要求农业生态补偿一定要坚持恰当定位原则，否则可能会导致更加严重的农业生态问题。

6.2.2 "权责统一、公正合理"原则

作为解决生态问题的一项重要措施，生态补偿实施的公平性、公正性会直接影响相关生态补偿项目实施的运行效率与持续性。农业生态补偿是为了解决农业生态利益相关者之间的平衡关系而建立的一种利益驱动机制，目的是让农业利益相关者之间利益共享、风险共担。在进一步健全农业生态保护补偿机制时，需要科学界定农业生态补偿的主客体，明确保护者与受益者的权利义务。为此要遵循"破坏者、受益者、污染者补偿，保护者、管理者、受损者受偿"的原则，正确引导各类受益主体履行生态保护补偿义务，督促受偿者切实履行生态保护责任，保证农业生态产品的供给与质量。也就是说，对农业生态环境产生不良影响的主体要对产生的生态系统环境恶化进行补偿；从农业生态系统中获取有益生态产品或服务的受益者也应支付相应费用；对给予农业生态系统提供保护或管理的个人或

组织更应对其进行补偿以保持这些主体工作的积极性与持续性；同样的，对那些未对农业环境产生负面影响但却因环境变化而使生活、工作等产生不利影响的人或集体也应给予生态补偿。

从理论上来讲，对农业生态补偿的各相关利益主体应一视同仁，按照其农业生态贡献度或农业生态损害度的大小合理确定补偿标准，公平、公正、公开地处理农业生态补偿政策落实中的利益问题，确保农业生态补偿项目实施过程的合理性和实施效果的有效性。但现实中关于农业生态系统服务的价值核算技术与手段尚不成熟，为了较为公正合理地确定农业生态补偿的标准，建议对以下方面进行综合考虑。首先，要考虑农业生态保护所导致的直接经济损失，如通过野生动物破坏居民农作物造成的直接经济损失估算；其次，要考虑为了保护农业生态功能而放弃发展经济的机会成本，如水源保护区不能发展某些污染产业而造成的间接经济损失，这可以参考当地的土地租金确定；最后，要考虑农业生态保护投入，如用于退耕还林、还草、还湖的补偿，保护天然林的补偿，以及其他用于生态保护的物质投入、劳动投入、管理费用等。

6.2.3 "政府主导、社会参与"原则

生态保护成果是向社会提供生态系统产品或服务的特殊公共产品，其受益者通常是一定地域范围的大多数居民，而其保护者一般很难直接从保护中得到经济收益，因此政府有责任代表民众建立和实施生态保护补偿制度。《关于健全生态保护补偿机制的意见》指出，应发挥政府的主导作用，加强制度建设，完善法规政策，创新体制机制，拓宽补偿渠道，通过经济、法律等手段，加大政府购买服务力度。

同时，为了使"谁开发谁保护、谁受益谁补偿"的意识深入人心，政府部门需要加大农业生态保护补偿的宣传教育力度，引导全社会树立生态产品有价、保护生态人人有责的思想，不断营造珍惜环境、保护生态的好氛围。此外，按照市场经济的普遍原则，享受农业生态产品和生态服务的主体应该向该产品和服务的提供者付费。这就需要众多的农业生态保护者和农业生态受益者树立以履行生态义务为荣、以逃避生态责任为耻的观念，齐心协力，共同抵制不良的农业生态行为，共同维护好农业生态环境。只

有这样，才能使农业生态保护不再是政府的强制性行为和社会公益性事业，而成为社会公众共同参与并推动发展的投资与收益相对称的经济行为。

6.2.4 "统筹兼顾、转型发展"原则

为了实现转型发展，需要各项相关工作统筹兼顾。如要结合区域农业生态环境的保护和治理，继续推进精准脱贫，探索农业生态脱贫的新路子。此外，要健全生态保护市场体系，发挥市场机制促进生态保护的积极作用，采取资企补助、对口协作、产业转移、人才培训、共建园区等方式实施横向生态保护补偿，积极运用"碳汇"交易、排污权交易、水权交易、生态产品服务标志等补偿方式探索市场化的补偿模式。

《关于健全生态保护补偿机制的意见》强调，要将生态保护补偿与实施主体功能区规划等有机结合，逐步提高重点生态功能区等区域基本公共服务水平，促进其转型绿色发展。具体到农业领域，跟农产品主产区相关联的森林、草原、湿地、水流、耕地等都是需要着力落实生态保护补偿任务的重点领域。为了建立符合我国国情的生态保护补偿制度体系，促进形成绿色生产方式和生活方式，黄淮平原农产品主产区的相关职能部门要充分应用经济手段和法律手段，探索多元化的生态保护补偿方式，处理好"输血型"补偿和"造血型"补偿的关系，将农业生态补偿与地方经济发展结合起来，不断提升农业资源的服务效率，帮助当地农户提高农产品产量与质量，不断推动农业的绿色化、健康化、可持续化转型。

6.2.5 "因时制宜、因地制宜"原则

农业生态补偿在规划时需要考虑方方面面的重要因素，如不同时期社会经济的发展水平、人们对生态补偿的接受与认可程度等。因为在农业生态补偿实践中，补偿的主客体、补偿标准、补偿方式等都可能会随着社会经济的发展以及人们思想观念的转变而发生转变，为了确保农业生态补偿政策的可操作性及其效用的长久性，需要因时制宜进行区域性农业补偿制度、补偿政策规定等方面的调整。如在农业生态补偿中，当农户以维护农业生态系统的身份出现时，其应当作为农业生态补偿中的受偿者；但随着

农户在农业生产中过度用水、用肥、喷洒农药而对土壤、大气等产生负面影响时，其身份就变成了生态环境的破坏者，这时就需要为自己的不良农业生态行为支付费用。因此可见，农业生态补偿机制、补偿政策应具备一定的灵活性，这样才有利于提高农业生态补偿项目实施的效果。

目前，我国农业生态补偿的研究与实践总体上还处于起步阶段。表现为国内的农业生态保护补偿范围仍然偏小、标准偏低，保护者和受益者良性互动的体制机制尚不完善，这在一定程度上影响了农业生态环境保护措施行动的成效。在这样的大环境下，我国的农业生态补偿还需要在实践中不断探索完善。对于黄淮平原农产品主产区来说，不同区域的用地情况和资源禀赋不尽相同，实施农业生态补偿时要在参考中央关于农业生态补偿制度与政策规定的基础上，根据区域社会经济水平、市场条件、农业特点等，因地制宜确定出适用性、操作性较强的区域农业生态补偿政策与补偿机制。

6.2.6　"试点先行、稳步实施"原则

众所周知，农业生态系统产生的生态效益和社会效益具有外部性和公共物品的特征，在我国农业政策长期偏重保障粮食数量安全的基调下，农业生态环境管理中的市场和政府失灵问题开始显现，致使农业生态环境恶化，严重影响农业生态安全。在此背景下，借鉴国外的一些成功做法，我国也启动并开展了一些农业生态补偿项目的试点，并根据试点效果对农业生态补偿进行合理推进。但农业生态补偿机制的建立和完善是一个漫长的过程，还有许多理论问题需要深入研究，也有不少实践困境需要不断解决。我国《关于健全生态保护补偿机制的意见》明确指出：要将试点先行与逐步推广、分类补偿与综合补偿有机结合，大胆探索，稳步推进不同领域、区域生态保护补偿机制建设，不断提升生态保护成效。

黄淮平原农产品主产区的主要区县近年来积极响应国家号召，结合各自区域的具体情况积极开展农业生态补偿试点。如苏北平原地区实施了测土配方施肥技术、商品有机肥补贴、化学农药减施等农业生态补偿项目，这些试点性的农业生态补偿活动在实务中取得一定成效，不断推动区域内的农业发展思路向"生产、生活、生态共赢"上拓展。与实践行动相适应，

一些学者开始对试点的农业生态补偿项目实施效益进行评价，对农业生态补偿的试点经验进行归纳总结，这些有益的探索与经验积累有利于农业生态补偿活动的稳步推进。在国家相关政策指引下，各区域要根据发展需要，逐步增加农业生态补偿项目，逐步扩大农业生态补偿范围，扎实落实并继续完善农业生态补偿机制，不断提高农业生态环境质量与农业生态补偿效益，有效调动全社会参与农业生态环境保护的积极性，积极推动农业生态文明建设迈上新台阶。

6.3 破解黄淮平原农产品主产区农业生态补偿政策问题的对策与建议

农业生态环境既有生态功能又有生产功能，既是公共产品又是农业生产的基本条件；既存在政府失灵又存在市场失灵。在中国特色农业现代化道路下，农业生态环境保护必须与农业发展、农民增收有机统筹起来，这就需要进一步健全农业生态补偿制度，积极构建多主体参与，政府主导、市场辅助，农民增收与生态保护相协调的农业生态补偿机制与政策体系，以利于恢复并改善农业生态环境、提升农业资源利用效率、推动生态农业模式的推广应用，从而在整体上保障农业的可持续性发展。

6.3.1 新形势下构建农业生态补偿政策体系的新思路

在中国特色社会主义新时代、新形势下健全农业生态补偿政策，除了要秉承一般意义上农业生态补偿政策的基本内容、实施层次以外，还需要顺应新形势下农业生态补偿的发展要求。为此，从农业生态环境的生产功能和生态功能入手，结合黄淮平原农产品主产区的区域实情与其在农业生态补偿实践中的成效与问题，借鉴国外与国内一些好的经验与做法，提出在"多中心分类补偿的政府与市场机制协调框架"下破解现有农业生态补偿政策在制定、实施、支撑方面遇到的难题。

6.3.1.1 多中心分类补偿的政府与市场机制协调框架

多中心分类补偿的政府与市场机制协调框架见图6-1，其中：多中心是指政府主导，农民、消费者、企业与民间组织多方利益主体参与；分类补偿是指区分农业生态环境中的公共品与非公共品属性，对其实施分类补偿。而政府与市场机制协调是指对具有生态功能的公共品，构建政府主导，农民、消费者、企业与民间组织参与的政府补偿机制，而对具有生产功能的非公共品，则要构建以市场供求为基础、品牌为导向，联结农民、消费者、政府、企业与民间组织等多方利益主体的市场化补偿机制，这两种补偿机制相互协调、相得益彰。为了建立农业生态的市场补偿机制，需要通过政策引导构建内生价格补偿的要件；而要优化政府主导型的农业生态补偿机制，则要对现有农业生态补偿政策进行完善创新。

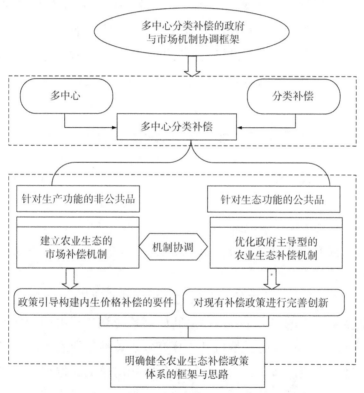

图 6-1　多中心分类补偿的政府与市场机制协调框架

　　由图 6-1 可以看出，多中心机制协调包含三个层次：一是协调农业生态环境的生产功能和生态功能，协同市场补偿机制和政府主导型补偿机制并将二者纳入统一的机制框架，以克服农业生态补偿中的市场失灵与政府失灵问题；二是农业生态环境问题涉及政府、民间组织、消费者、农民、企业等多方利益主体，并有公共品和非公共品之分，为此需要科学划分农业生态环境问题的公共品和非公共品属性，有效界定政府主导型补偿与市场化补偿的合理边界，并基于此实行多中心分类补偿；三是机制协调包括从市场补偿的角度构建内生价格补偿机制，从政府补偿的角度优化政府主导型补偿机制，并进行支持农业生态环境多方治理和市场化补偿取向的政策创新。

新形势下农业生态补偿出现了政府与市场有效结合、区域差异化补偿、重视发展权补偿等新要求，因此，健全农业生态补偿政策的基本路径，既要秉承一般意义上农业生态补偿政策的基本内容和实施层次，又要在多中心分类补偿的政府与市场机制协调框架下拓展政策完善的思路，并基于此进一步探讨如何破解农业生态补偿政策在制定、实施、支撑方面的主要问题。

6.3.1.2 健全农业生态补偿政策新思路的实施保障

在多中心分类补偿的政府与市场机制协调框架下，要通过政策引导构建内生价格补偿的要件并对现有补偿政策进行完善创新，以破解农业生态补偿政策在制定、实施、支撑方面的主要问题。为此，需要明确农业生态补偿中的利益损失和权益获得；需要因地制宜确定农业生态补偿政策阶段性实施的重点。

（1）从农业生态补偿中的利益损失和权益获得来看

农业生态补偿的实质是各主体之间的利益协调，损失的利益通过各种权益得到回报，农业生态补偿机制才算有效。黄淮平原农产品主产区的主要区县农业生态资源富集，大多数区域经济相对落后，但这部分区域的居民为保护农业生态环境让渡了自身利益，比如实施保护性耕作、减农药化肥施用而导致农业产量降低和农业收入减少。为此，健全优化农业生态补偿政策，需要充分考虑各受补偿方损失的利益，并通过政府与市场机制协调，从近期和长远的角度，从不同的渠道保障这部分居民的权益。在保护农业生态环境、恢复农业生态系统服务功能过程中，农民各方面的利益都会受到损害，在经济方面、发展权益方面、技术方面等给予补偿等很有必要。

在多中心分类补偿的政府与市场机制协调框架下，为了确保农业生态保护者可以通过直接或间接途径获得不同权益，需要处理好以下相关问题。一是要充分尊重并体现出各受补偿方的参与权。在农业生态补偿项目中，无论是政府补偿还是通过市场机制补偿，都必须充分考虑农户的意愿和利益诉求，让他们参与补偿金额、补偿方式、补偿年限等具体方案的制定、执行和监督等环节，并结合实际需求和当地发展情况，解决项目实施以后可持续收入的来源，项目期限过后相关扶持政策的配套等与切身利益相关的问题。二是要完善政府的政策设计，探索多种获益方式。目前，政府以具体项目进行补偿是农户获得权益最主要的直接的方式，这种方式存在补偿资金少、受补偿年限限制、补偿手段单一等问题。在保障补偿权益的时候，产业收入、劳务性收入等其他获益方式的比例并不大，很难使农业生态保护者真正摆脱贫困。当前应该转变观念，完善政府的政策设计，不再局限于解决贫困和为当地提供基础设施，更要结合农户的权益诉求，放眼于当地农业经济的可持续发展。同时，应在政府支持下通过市场途径，积极探索众多获益方式，调动农业生态保护者的积极性。

（2）从确定补偿政策阶段性实施的重点来看

农业生态补偿具有一定的周期，对于需要补偿的地区和居民（农牧民），在不同时间段有不同的补偿诉求，补偿机制的实施重点也应随之发生调整。因此，多中心治理下的机制协调必须是动态的、灵活调整的过程，以近期、中期和远期为时间阶段，不同时期农业生态补偿政策的实施重点也不同。近期的实施重点，是给予受补偿方经济补偿，即以国家重点补偿项目的政策补贴、财政转移支付等为主，直接给予资金补助增加收益。这是因为从受补偿地区的实际情况来看，农业生产地大多经济贫困，基于生存的基本要求，实施经济补偿比较符合当地居民的意愿，也是最直接有效的补偿手段。但经济补偿作为应急性的短期行为，并不能真正解决农业生态保护者"环保致贫"的问题，同时补偿资金盲目使用与补偿资金总额不足也会使经济补偿的效用大打折扣。为此，中期的实施重点应由经济补偿向发展权补偿过渡，即培养农业生产地生态保护者的自我发展能力，通过发展权补偿使农业生产地实现"输血"到"造血"的转型，在推动农民自我积累与自我发展的同时，进一步加快农业经济与农业生态环境保护的可持续性发展。目前我国农业生态补偿的时限比较单一，主要采用的是由政府主导的一次性事前支付补偿，这在一定程度上削弱了补偿受体的参与性。一旦补偿期结束取消相应的补偿政策，很有可能出现不少农民因生存需求再次进行粗放式、掠夺式开发农业资源的现象。所以从黄淮平原农产品主产区长远发展考虑，农业生态环境补偿的重点应当支持当地实施产业转型战略，将事后补偿、协商补偿等有效结合，因地制宜培育多元化的接续产业，如循环农业、生态农业、低碳农业等。

6.3.2　破解农业生态补偿政策制定方面问题的对策与建议

对黄淮平原农产品主产区而言，为了保持对污染的惩罚力度又能提供经济的正向激励，建议综合运用管制型和补偿型的政策。同时，农业生态补偿只是解决环境问题的一种手段，在农业生态补偿政策设计中还应考虑补偿的公平性问题。黄淮平原农产品主产区作为主要的农产品生产区，其涉及的具体地区必须尽快完善农业生态补偿政策，以便为本区域农业生态环境的保护以及农业生态补偿工作的有序提供可靠的依据与法律支持，这是完善农业生态补偿制度最根本的保障。

6.3.2.1　以政府公共财政补偿为主导推动补偿主客体多元化

目前，黄淮平原农产品主产区的部分区域补偿主体单一且界定模糊，受体在提出赔偿后有时会出现找不到具体实施的补偿主体；同时补偿受体对于间接保护者和管理者及相关上游利益群体覆盖较少，造成部分补偿受体遗漏。理论上讲，农业生态补偿的主客体是农业生态补偿的责任承担者和权力享受者，在补偿主客体界定时通常要遵循生态环境服务付费的原则，即"谁破坏，谁付费，谁受益，谁付费"和"保护者受益"的原则，合理确定农业生态补偿中的补偿方与受偿者，这涉及利益相关者如农业生态系统的保护者、管理者、受益者、受损者和破坏者等之间的责任分配问题。为此，一定要明确农业生态补偿中各利益主体的责任关系，明确农业生态环境的破坏者或生态环境受益者为补偿方，农业生态环境保护者或生态服务生产者为受偿者。同时，由于农业生态提供的产品和服务具有公共产品的属性，这也就决定了农业生态补偿要以政府公共财政补偿为主导力量，如果单纯依靠市场机制来调节，很难产生农业生产中的外部正效应，为了强化生态文明建设，政府更应承担其主要补偿主体的责任。从国际上农业生态补偿实践来看，大多数国家的农业生态补偿主体都是以政府为主，同时通过非政府组织提供的资金来试验使用者付费的模式，补偿客体也是以参与项目的农户为主；但个人或企业在农业生产经营过程中如果污染环境、破坏生态，其也应作为生态补偿主体主动承担农业生态补偿责任。也就是说，农业生态补偿中各利益相关者的角色会在特定条件下发生转变，因此在确定农业生态补偿受偿方、补偿方时应采取动态方法，如当生态系统管理者对生态系统产生不利影响时，应当将其调整为生态系统破坏者，其身份也就从生态补偿受偿者转变为补偿者。

另一方面，作为国家补偿的有效补充，市场主体补偿可以在政府生态政策法规许可下，以经济手段来改善农业生态环境。目前，黄淮平原农产品主产区内的部分县市也已开始尝试农业生态补偿方面的市场化探索。如黄淮四市从 2018 起就开始逐步健全其农业资源开发补偿机制、优化排污权配置、水权配置、碳排放权抵消补偿制度，界定和配置生态环境权利，健全交易平台，目的是引导生态受益者对生态保护者进行补偿；同时还通过发展生态产业，建立健全绿色标识、绿色采购、绿色金融、绿色利益分享机制，来积极引导社会投资者投入到对生态保护者进行补偿的行列中来。但因为该项工作启动时间不长，实施效果还未明显突现，加上其他因素的影响，目前企业和社会组织对农业生态补偿的参与度仍然不是太高，在黄淮平原农产品主产区，农业生态补偿主体的市场化选择还有很长的路要走。

6.3.2.2　根据生态功能检测评估结果因地制宜制定补偿标准

农业生态系统的生态功能修复及其治理是一个大型的系统工程，不管是农业生态补偿相关计划补偿标准的确定，还是针对各地方政府生态补偿制度落实考核设立的生态目标责任制，都需要农业生态系统运行的动态统计数据，这就需要建立一体化的农业生态功能检测评估体系和生态服务价值评估核算体系。首先，需要建立环境污染监测网络，通过卫星、雷达等构成高科技传感系统对各个农业生产区域内的农业生态系统的利用现状、污染状况等反映其生态功能的指标进行跟踪监控；其次，要根据农业生态功能指标的高低，对农业生态系统的生态功能进行科学分级，并根据不同地区农业生态系统的级别实行差别化的补偿政策与补偿标准；最后，建议建立农业信息数据和污染档案，对农业生态系统功能指数从数量和质量两方面进行双重动态检测，以实现对农业生态系统的管理由定性向定量转化。

与此同时，我国现阶段所开展的相关农业生态补偿项目在补偿标准上是按流域在全国分区，每区内实行统一的补助标准，这种"一刀切"的做法虽提升了操作效率但也降低了补偿的公平性，直接导致国内各区域的农业生态补偿政策与其地区经济发展水平、生态情况不适应。在国际实务中，农业生态补偿作为一种支付行为必然要有支付的参照标准，其成本计算目前主要以生态功能服务价值、生态治理恢复成本、生态补偿受体对生态保护的投入等为基础，但由于不同国家和地区农业生态系统方面的差异性，导致世界上目前还没有一套成熟的、可复制的农业生态补偿标准或计算方法。目前国际上大多数国家在实践中的补偿标准通常与项目所要求的标准相联系，计算方法有 EBI、ESI 等，计算出的具体补偿金额也各不相同。同时，欧美国家的农业生态补偿，首先要合理确定补偿区域，比如有些区域即使没有生态补偿，也能够生产充足的生态产品，对这类区域政府将不进行补偿。

根据以上理解，农业生态补偿标准在确定时应考虑三个主要因素，一是由于农业生产而造成生态环境损失的动态评估标准，二是因农业行为而造成的生态破坏补偿计算方法，三是不同地区的差异性。结合黄淮平原农产品主产区各具体区域农业资源生态环境差异、社会经济发展差异等，建议借鉴欧美国家经验，在农业生态功能检测评估与生态服务价值评估的基础上，科学合理地选取农业生态补偿标准量化指标，制定统一规范的农业生态补偿标准核算方法，因地制宜地估算农业生态补偿标准，以使确定的补偿标准更加贴近实际，从而体现出不同地区农业生态补偿标准的差异化。此外，还要根据区域农业生态服务价值及社会经济发展水平等确定的差异化补偿等级，在实践中优先考虑补偿那些农业生态风险较大的区域。

6.3.2.3 基于对农业生态有益行为的认知合理确定补偿范围

农业生态补偿的范围应该是补偿对象所做出的有益于农业生态系统环境保护的一切行为，主要包括被破坏生态环境的治理、优美生态环境的维持以及预防生态环境被破坏的行为。根据对农业生态环境作用的方式，这些行为又分为直接有益行为和间接有益行为。直接有益行为表现在两个方面：一是对已遭受破坏的生态系统通过所鼓励的农业生产活动治理并恢复原生态系统的有益行为给予补偿，如退耕还草、生态移民等工程；二是对面临损坏的农业生态系统进行预防和保护的行为进行补偿，如在农业生产活动中减少使用化学肥料、化学药品、农用塑料薄膜，进行保护性耕作、生态农业建设等。间接有益行为也表现为两个方面：一是对有益于农业生态系统恢复的科研、应用行为等进行补偿，如农村清洁能源的开发利用、生物肥料和生物农药的开发使用；二是对农业生态系统环境保护教育、生态技术和生态产品推广行为进行的补偿。事实上，直接有益行为依赖于间接有益行为的持续，间接有益行为作为农业生态补偿推广和持续的"发动机"应得到充分肯定与更多的补偿。

总体来看，黄淮平原农产品主产区所开展的农业生态补偿项目有限，针对其农业生产过程中存在的突出环境问题，应当设立农业生态补偿基金，合理确定补偿范围，引导农民采取环境友好型生产和生活方式，促进其农业生态环境的改善。在适用领域选择上，现阶段其农业生态补偿的重点应主要针对三类问题有序展开：一是影响重大、迫切需要采取手段的问题，如耕地土壤重金属污染治理、湿地生态保护；二是适用于市场化方式解决的农业环境问题，如农药包装废弃物回收、残膜回收等；三是需要进行制度完善和创新的问题，如完善环境友好型农产品认证制度，严格市场监管，探索进行工业、农业领域的排污权、碳排放交易试点等。具体而言，针对耕地生态，建立耕地质量档案，扩大轮作休耕制度试点，安排专项资金大力推广农田保护性耕作，按照土壤肥力提高幅度给予农民合理补贴；同时针对占用耕地进行非农活动的单位或个人，考虑开征收耕地占用税或加收生态补偿费，以补偿并用于恢复对于农业生态造成的破坏。其次，对于水域生态，鼓励推广应用节肥、节药、节水等资源节约型和环境友好型技术，推行农业清洁生产，实现化肥、农药使用量负增长，防止未达标的工业废水排入江河，推行农村垃圾集中处理，以控制农业面源污染与农村点源污染。再次，针对森林、湿地生态，继续落实退耕还林、退耕还湿的各项政策，对公益林保护给予扶持和支持，加大对天然湿地保护的资金投入，防止天然湿地萎缩或消失。最后，针对农业、农村废弃物的综合利用，如秸秆粉碎还田、秸秆生物反应碳肥化利用、秸秆青贮饲料和气化燃用以及禽畜粪便资源化利用的沼气建设项目等继续给予一定补偿；同时，针对畜禽粪污、秸秆、农膜等农业废弃物其他形式的资源化利用，建议也给予一定的补偿，以推动生态循环农业的发展。

6.3.2.4 根据补偿客体需要合理选择补偿方式

（1）合理评价不同补偿方式的优缺点

农业生态补偿是一种社会财富的再分配，为了制定出更为科学、公平、合理的农业生态补偿政策，需要对其分配效应进行充分评价。因为不同的农业生态补偿方式都有各自的优缺点，在实务中要结合补偿地区实际情况进行合理选择。目前，黄淮平原农产品主产区农业生态补偿主受体单一主要是由补偿形式的单一造成的，在现阶段的农业生态补偿实践中，广泛的农业生态补偿参与者特别是农民并未有效参与农业生态补偿方式的讨论，结果造成现行的农业生态补偿方式过度倾向于简单粗暴式的资金补偿，而对受偿方所需要的实物补偿、技术补偿、智力补偿等方式重视度不够。资金补偿虽能在一定程度上对农民形成直接的利益刺激，有利于在短期内调动农民参与农业生态补偿的积极性；但资金补偿的针对性和持续性不是太强，其需要进一步细化应用方法才能转化落实到农业生态保护与修复中去。而实物补偿、技术和智力补偿作为"内涵式"的生态补偿方式可以直接作用于生态农业的各个环节，这有利于激发农业生态补偿受益者的潜能，形成生态农业的自我发展机制，增加农民收入，提升农业生态系统的服务价值，推动农业朝着可持续发展的方向前进。

（2）根据补偿客体需要选择适当的补偿方式

不同的农业生态补偿方式对地区农业生态环境保护事业贡献大小有所差异，多元化补偿方式的灵活运用有利于农业生态补偿效率的提高与补偿效果的提升。对黄淮平原农产品主产区而言，其区域内农业资源分布不均衡，自然生态环境差异明显，地区社会经济发展水平也有较大差异。这就需要结合区域实情，根据补偿客体需要因地制宜选择适当的补偿方式。即农业生态补偿方式的选择应当遵循多元化原则，在实践中结合各补偿方式的优缺点灵活运用。除了常规性的资金补偿外，政府应注重"内涵式"补偿方式的应用力度。如在支持生态农业基础设施建设中考虑增加实物补偿方式，通过为农民提供先进的农业机械设备，提供优质种子、农药、化肥等提高补偿的实际功效；也可借助政府机构或农业推广组织、环保组织等开展农业生态技术补偿、智力补偿等，通过对农户开展生态农业技术的培训，来提高其环保意识，科学引导其应用现代化的农业生产方式来发展循环农业、生态农业、绿色农业等；也可以在基础教育和高等通识教育中增加与生态环境、农业生态补偿相关的学习内容，使青少年能够对生态环境、对农业生态系统的服务价值等有一个较为全面的认识，以增强其生态环保意识，进而带动整个社会尊重、保护并合理利用生态环境，积极参与生态补偿活动。

6.3.3　破解农业生态补偿政策执行方面问题的对策与建议

为了保证农业生态补偿政策事前有预测、事中有责任、事后有反馈，建议由中央政府设立专门的部门负责农业生态补偿法律基础的提供、补偿标准的测算、补偿政策的引导和补偿技术的支撑；由各地政府设立专门部门，依据本区域实际情况对政策进行完善，制定适合本地区实际情况的农业生态补偿规定，并负责政策执行。

6.3.3.1　明晰自然资源产权关系，建立长效补偿机制

（1）借鉴国外经验将政府补偿与市场调节相结合

黄淮平原农产品主产区目前的农业生态补偿依然停留在一次性"输血式"的补偿上，导致该区域还没有形成连续性补偿的机制。实务中主要表现为重政府补偿轻民间补偿；重行政性纵向补偿轻区域间横向补偿；重经济补偿轻技术与智力补偿；重总量补偿轻结构性补偿。这不仅削弱了黄淮平原农产品主产区农业生态补偿政策效力的发挥，也未能使农业生态环境

受损或恶化的趋势得到根本性扭转。农业生态补偿市场机制是生态农产品价值实现的重要途径，也是调动社会资本参与生态补偿指标生产的重要手段。总体来看，国外不少国家在公民对农业生态问题有了足够认识、农业生态系统产权相对明晰、政府引导农业生态补偿稳定发展之后，逐渐让市场参与到农业生态补偿中来，通过市场自身调节作用的发挥以缓解政府财政压力，不断建立健全农业生态补偿的途径。这种将政府补偿与市场调节相结合的做法，在农业生态补偿实践中取得了较好的生态效益、经济效益与社会效益。如在美国的农业生态补偿机制中，政府主要构建政策、法律、流程等补偿体系，其实施中更注重市场的灵活性，主要通过市场机制优化和合理配置资源，如农业银行补偿、农业租赁、替代补偿、交易买卖等；欧盟则强调农业生态补偿拍卖支付机制的健全与运用，这些好的经验和做法都为优化黄淮平原农产品主产区的农业生态补偿机制提供了可借鉴的方向。

(2)加大"造血型"农业生态补偿支付方式的选取

农业生态补偿往往面对众多的农户，需要更为复杂的补偿机制设计以提高补偿项目的效率。结合国际经验和当前的农业生态补偿现状，在多中心分类补偿的政府与市场机制协调框架下有必要建立健全农业生态补偿的市场机制。值得一提的是，我国生态环境资源产权属于国有的形式虽在理论上行得通，但在实际执行中可能会出现生态资源环境产权主体缺失问题，只有将农业生态补偿区域的农户自然资源收益权、经营权以法律形式确定下来，农业生态补偿中的市场机制才有可以赖以启动的基础。可借鉴德国的市场化生态指标开发模式，形成可用市场交易的农业生态补偿指标，以便为落实农业生态补偿提供市场交易来源，也为跨县、跨市或跨省域国土空间生态保护修复创造有利条件。总体来看，农业生态补偿未来的发展方向应该是加快引进市场机制的运作，但政府决策与政府行为的引导对农业生态补偿的实施还将在很长时期内发挥重要作用。所以，应该加大"造血型"农业生态补偿支付方式的选取，不断强化市场补偿机制在农业生态补偿中的运用，并结合补偿客体的不同属性制定更加精准的补偿方案，选择更加合适的补偿支付方式，以增强补偿项目的针对性。如对生态公益林等纯公共产品以财政转移支付为主，对水源地、生态湿地等准公共产品坚持政府补偿与市场补偿方式并重，对基本农田等私有属性明显的补偿对象在"三农"资金、粮食生产补贴、农业生产设施购买补贴、土地出让金划拨等政府补偿基础上引入生态标识等市场补偿机制，采取更为市场化的定价方式，如鼓励黄淮平原农产品主产区的保护地块集中连片以产生协同效应，并更多地依据对农业环境的保护效果进行补偿。

（3）在经济补偿的基础上要重视农民的发展权益

对黄淮平原农产品主产区而言，从确定补偿政策阶段性实施的重点来看，其在新时代下构建长效的农业生态补偿机制，要在经济补偿的基础上重视农民发展权益，使农民发展和农业生态保护紧密联系，以激发其参与农业生态保护的长久热情。

一是加强高标准农田建设项目的政策扶持力度以进一步提升其土地产出能力。为此应将农田沟渠清淤列入"一事一议"政策扶持范围，允许通过农民筹工筹劳，开展农田基础设施建设，财政给予适当补助，以尽快提升农田抗旱排涝能力。

二是要依托其环境资源禀赋、区域生态优势等，把农业生态补偿的资金、物品、技术或智力以"项目支持"的形式投入当地生态产业培育中去，不断推进产业结构优化，强化自我造血机能与自我发展机制。如积极补贴和扶持农业乡村旅游、休闲农业等环境友好型产业，借助其巨大的乘数效应带动当地经济社会更快更好的发展，并在从中获利后愿意从其收益中拿出一定比例直接用于改善农业生态环境，从而由被动参与者变成主动维护与改善者，以此形成农业生态补偿的长效机制。

三是在黄淮平原农产品主产区全面实行"收入险"。"保险+期货"的农业保险形式尽管保费比政策性保险交的多一些，但其既保价又保量，这实际上相当于保了农民的全年收入。为此，建议通过政策引导调动地方政府、保险公司、期货公司、农民合作社等多方的积极性以形成合力，用保险来保障农民收入的长期稳定性，这既有利于推进脱贫攻坚工作，也有利于保障国家长久的粮食安全。

最后，推动建立综合性的补偿机制。要不断拓宽农产品主产区的生态补偿种类和范围，逐步建立起覆盖耕地、森林、湿地、水源、大气生态资源的生态补偿机制，推进生态资源权的市场化改革，实施推广林业碳汇、排污权、水权交易等市场化补偿机制,并在政策扶持、财税优惠、项目布局、扶贫开发等方面予以倾斜,逐步构建资金补偿、产业扶持、技术支持、项目援建等多元化的补偿方式,以对区域的产业结构调整、基础设施建设、公共服务改善、脱贫攻坚等实行综合补偿。

6.3.3.2 构建多样化的农业生态补偿融资渠道

(1)借鉴国外经验强化农业生态补偿金融机制运用

开展农业生态补偿,需要强有力的经济基础,因此如何筹集补偿资金是农业生态补偿的关键问题。目前,政府财政投入仍是最主要的补偿资金来源,但随着产业结构不断升级,农业生态补偿范围扩大,政府财政投入远不能满足农业生态补偿的资金需求。为了促进我国农业生态补偿制度的健康发展,除了国家公共财政资金的投入外,还要发挥市场主体的作用,积极拓展补偿资金的市场化融资渠道,形成多样化的农业生态补偿融资方式与融资途径,以弥补我国农业生态补偿政策落实和生态农业发展中所面临的资金困境,进而保障农业生态补偿资金的持续稳定。国外发达国家在农业生态补偿金融机制运用方面积累了许多宝贵的经验与教训,这对完善国内农业生态补偿投融资机制具有一定的参考价值。

(2)拓宽融资渠道统筹管理补偿资金

现阶段,政府财政税收仍然是农业补偿资金的主要来源,在此基础上,可以依靠政府的权威性,发行证券、信贷等来拓宽融资渠道以便为农业生态补偿积累更多的经济资源;同时借助政府财政的引导性投入,鼓励社会团体和有能力的个人捐赠和参股,从多个渠道筹集补偿资金,用于重大农业生态项目的补偿、农业生态基础设施的建设、农村生态环境的恢复和保护、生态农业的技术革新及推广等诸多事项。此外,要重视农业生态补偿资金的管理、征收与发放,通过构建农业生态补偿基金制度,实现专款专用,对补偿资金进行统筹管理,明确相关权益者的既得权益,以保障农业生态补偿资金利用的透明化与公开化。

(3)加大金融机构参与农业生态补偿的力度

要尽快完善金融支农政策体系,不断提升金融机构参与农业生态补偿的热情。其中,国家开发银行可以考虑加大农业生态环境基础设施建设补偿的力度，如中国农业发展银行可适当调整职能定位，增加农业生态补偿的业务范围和资金来源，进一步完善农业生态补偿的治理结构和运行机制，推动农业生态金融补偿机制的持续发展。现阶段在黄淮平原农产品主产区，一家一户的小农户经营模式还是占大多数，为解决小农户无抵押无担保的贷款问题，商业性金融机构应本着绿色金融的发展理念，创新农业生态补偿的金融工具和服务以使土地经营权取得贷款质押权的政策能真正落地生根。此外，商业性金融机构可根据农业生态补偿项目的需要调整贷款利率、期限，合理适度增加贷款资金投入；也可对银行直接投入到农业开发项目的贷款采取贴息方式，或设立类似绿色投资基金投入到农业开发项目中，对储户利息收入免征个税；或者考虑建立健全农业生态补偿金融支持的激励机制，探索公私合营的 PPP 模式参与农业面源污染防治，或"政银保"合作的农业生态合作融资模式等。

6.3.3.3 宣传教育与奖惩机制相结合调动利益相关者参与热情

农业生态系统涉及的主要利益相关者如图 6-2 所示，实践中农业生态补偿政策执行效果如何，在很大程度上取决于能否调动农业生态系统的利益相关者如政府、农户、城市居民、社会组织、企业等积极参与农业生态补偿工作，以及能否协调好农业生态系统保护者、农业生态系统治理者、农业生态系统受损者、农业生态系统受益者、农业生态系统破坏者等的利益关系。

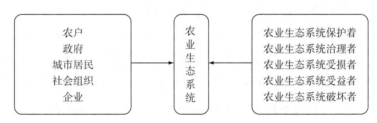

图 6-2　农业生态系统利益相关者

（1）增强地方政府实施农业生态补偿的后劲

中央政府作为政策的制定者和发起者，为了获得国家长久的生态安全，其有强烈的利益冲动来实施农业生态补偿。而对黄淮平原农产品主产区的各级地方政府来说，其目前实施农业生态补偿政策的投入明显大于其获得的生态环境改善、政治荣誉等收益。国外实践表明，与中央政府相比，地方政府参与生态建设积极性与主动性的高低对于农业生态建设的效果有着更大影响。为了增强农业生态补偿的后劲，落实好补偿责任，建议打破经济效益资源价值观念，强化农业生态系统的生态效益和社会效益认识。同时，为了协调好补偿主客体之间的关系，可对地方政府进行适度授权，使其能在现有的农业生态补偿政策允许范围内，结合区域实情做出一些适当的调整和补充，以利于重新协调补偿主客体生态利益的分配，明确补偿主体应当承担的责任和权益，做好农业生态补偿中权、责、利的制度设计，形成各级政府的决策与责任机制，在确保目标体系(生态经济、生态环境和生态社会三位一体)清晰的基础上，构建适当的行政激励约束机制与追责机制，形成科学合理的考核办法，以避免地方政府的短视化行为。为此，需要改革完善现行的党政领导干部政绩考核机制，在对农业生态保护重点区域及相关职能部门的行政考核中要强化农业生态环境建设考核指标及权重，以调动黄淮平原农产品主产区相关政府参与生态保护的积极性。

(2)丰富和完善农业生态补偿的教育宣传

为了加快农业生态保护成果的经济效益化，在"政府主导、社会参与"原则指导下，各级领导干部一方面要树立提供农业生态公共产品也是发展的理念，另一方面要加强公众的农业生态意识。这需要进一步丰富和完善农业生态补偿教育的宣传途径，大力推进宣传工作的数字化建设，积极构建农业生态补偿教育宣传的志愿者队伍，不断拓宽农业生态补偿工作的宣传渠道。众所周知，农户是农业活动的直接参与者，其行为与农业生态环境的活动作用最为明显，而农业生态补偿的主要目的就是惩戒农业生态破坏者，激励农户或其他相关主体参与到维护、恢复、建设农业生态环境的活动中来。为此，必须对农户开展相应的农业生态知识普及。要通过农业环境教育、农业生态教育投资、农业生态文化进村等形式加大宣传力度、提高农户获取信息的渠道，增强农户对农业生态补偿的认知，使其了解区域内的农业生态资源及其生态补偿现状，增强其保护环境、修复生态的责任感与紧迫感，以便为农业生态补偿的有效实施创造全社会广泛参与的良好局面。

（3）积极构建农业生态补偿的公众参与机制

在农业环境意识与农业生态补偿基本知识宣传教育的基础上，为了使社会群体、公民个人改变传统的自然生态价值观，树立起农业生态服务有偿使用的理念，培养其环境保护与修复的责任感和认同感，政府要积极构建公众参与机制，鼓励社会公众参与农业生态补偿工作，这不仅可以提高决策的科学性和公众的自觉监督意识，而且有助于社会公众逐渐认可并接受有机农产品的较高价格，从而形成政府与市场双向补偿的有利局面，使得农民的经济利益和环境利益都得到持续增长。为此，需要做好以下三个方面的工作。一是要建立农业生态补偿工作的听证制度与公示制度，通过多向反馈机制让民众了解情况，让广大民众有知情权、监督权，从而保障农业生态补偿的公开性、公正性和公平性，以使农业生态补偿工作通俗化、日常化。二是要形成稳定的问询制度与巡检制度。有关部门要主动通过媒体工具或网络定期向居民通报农业生态补偿情况，民众要能通过正常渠道向相关部门问询情况；并在自愿报名原则下，能有机会与专家一起参与对农业生态补偿进程的巡检。三是要明确农业补偿的奖惩制度。即在补偿中制订详细的农业生态补偿计划，对破坏农业生态环境的行为进行惩罚，对保护农业生态系统和提升其生态服务价值的行为予以奖励，以使其既能因为自身对农业生态系统产生积极影响的行为获得补偿，也可以享受到因农业生态环境改善而带来的生态价值，从而激励更多的群体或个人参与农业生态的保护与修复。

6.3.3.4　建立健全农业生态补偿的监管制度

（1）明确农业生态补偿工作的目标责任制

为了有效规避或处理"委托—代理"问题，及时掌握补偿项目情况以便为补偿项目调整或其他项目借鉴提供依据，需要事先明确农业生态目标责任制。2015 年 8 月我国印发的《党政领导干部生态环境损害责任追究办法（试行）》明确了党政主要领导的生态环境损害责任，但要更好地落实农业生态补偿政策，则需要更加直观的生态责任标准，以明确政府各参与部门的责任和权力。

同时，为了把农业生态环境方面的工作成效融入领导干部政绩考核中，需要在农业生态补偿法律、政策设计时考虑绿色国民经济核算的诉求并与其保持一致。这一方面需要完善农业生态核算框架及其技术方法，探索建立具体指标来反映农业生态系统发展与其发展中所支付的资源环境代价；另一方面需要加强相关的教育培训以提高领导干部、政务人员等对绿色经济核算的重视，以便为绿色政绩考核试点奠定基础。

（2）建立健全农业生态补偿监管制度

从国家层面来看，一是要建立专门的农业生态补偿监管机构，二是要构建农业生态补偿基金委员会，这两个机构应各司其职，相互监督，共同发展。专门的农业生态补偿监管机构独立于农业生态补偿基金委员会，其集管理与监督职能于一身，而农业生态补偿基金委员作为连接补偿方与受偿者的"中间人"，其负责补偿资金的管理运营，并与专门农业生态补偿机构之间相互监督。首先，为降低农业生态补偿机制运行的"交易成本"，建议由国务院牵头，自然资源部、财政部、生态环境部、农业农村部等联合参与，共同构建专门的农业生态补偿监管机构，统一管理农业生态补偿涉及的全部事宜，如补偿主客体的确定、补偿标准的量化指标、补偿方式的选择、补偿资金来源的规定、补偿的监督与被监督等。其要统筹协调，动态监测农业生态补偿情况，有效监督农业生态补偿项目实施，督促各利益主体积极参与农业生态补偿，推行与相关群体利益直接挂钩的农业生态考评制度，通过相应的奖惩机制逐渐完善农业生态补偿监督的闭环机制。其次，要构建农业生态补偿基金委员会，由其专门负责农业生态补偿资金的征收、管理、发放，实现专款专用，并定期向社会公布补偿资金的流向，自觉接受公众监督。为此可考虑建立公共参与的由政府、市民、农户三者结合的监督体系，加大对补偿资金的监管力度，督促补偿资金"专款专用"并能足额拨付到位，确保补偿资金使用的公开性与反馈信息渠道的畅通性，一旦出现资金挪用、借贷及其他违规使用行为，要能及时进行惩处，以促使农业生态补偿政策有效执行。

就黄淮平原农产品主产区而言，其既是农业生态环境富集区，又是农业生态环境脆弱区，其农业生态补偿政策不仅要明确责、权、利，还应建立起农业生态补偿的监管制度。为此，区域内各级政府应建立由财政部门牵头，农业农村局、人力资源社会保障局等部门联合执法的农业生态补偿政务管理小组，不断完善农业生态补偿与绩效评价的有关机制，明确各部门权责分工，根据补偿政策目标定位和预先设计的运行机制，落实补偿中的具体事务，动态管理、随时跟踪、按时测量、科学统计农业生态补偿项目的实施情况，开启农业生态补偿投诉受理机制，及时收集反馈农业生态补偿的实施效果与存在的问题，合理评估补偿政策实施对环境及经济的影响等。同时，针对农业生态补偿资金的使用问题，黄淮平原农产品主产区的各市、县财政部门要启动农业生态补偿专户管理制度，及时测算当地的农业生态补偿项目及其补偿标准，强化对农业生态补偿资金的日常监管，积极组织审计、监察等部门开展补偿资金的绩效监督；自觉接受同级及以上人大常委会、政协、纪检等部门的监督检查，对于重大的农业生态补偿项目，还应实行项目公示制，广泛接受社会监督。相关的省级财政部门要对重大补偿项目进行定期跟踪，及时掌握补偿资金的使用情况及补偿效益，奖优罚劣。

6.3.3.5 推动农业生态补偿成果的立体性转化

农业生态补偿的终极目的是要实现农业生产方式的转型，提升农业生态系统的生态服务价值，提升广大农产品生产者的收入水平。农业生产者实现增收不能主要依靠政府补偿，而应全方位、深层次地推动农业生态补偿成果的转化，以使我国的新型农业生产模式能够可持续发展，进而不断提高农业补偿参与者的经济收入与社会地位。生态产品认证是目前国际上通用的保障农产品质量与农产品安全的管理方法，其借助消费者在市场上支付高于普通产品的价格来购买并消费以高等级生态标准生产出的生态农产品，其多出的那一部分钱在本质上就是为购买附加于该类农产品之上的生态系统服务价值支付的相应费用。目前农产品认证标准主要有三种：无公害农产品、绿色农产品、有机农产品，其中无公害农产品的认证处于最低水平，为市场准入条件，指的是其生产过程符合相应农产品生产规范、且其有毒有害物质可检测残留量控制在安全质量标准之内的农产品；绿色农产品为中等市场认证标准，是指符合中国国内安全标准，并且优质、富含营养的健康农产品；有机农产品是目前的最高等级认证标准，是指国际公认的安全、健康、环保的农产品。目前在我国，以上三种农产品的认证标准都采用自愿认证机制，实施结果却差强人意。为此，我国应当尽早谋划、设计、实行符合中国市场的生态农产品强制性认证标准，将生态生产成本计入农产品价格体系，以此来补偿农业生产生态支出成本，促进农业生态补偿制度的市场补偿机制运行，推动我国生态农产品的认证标准早日与国际通行的有机农产品标准接轨。

具体到黄淮平原农产品主产区，其在现阶段要着力推动农业生态补偿成果的立体性转化，首当其冲就是先要把生态标准认证制度建立健全起来。为此，要做好以下三方面的工作。一是要安排相关部门结合国际标准制定规则，建立起消费者信得过的生态标准认证体系，用生态标识对生态农业和传统农业产出的农产品进行分类，并有效区别其市场价值。二是要引导设立农业生态补偿制度下的生态农产品认证评估机构，并确保该评估机构独立运行，不受市场利益的左右，由其定期检查或抽查生态农业产出的农产品质量，按照农药残留物和主要营养物质含量为标准对其划分等级，使农产品的质量安全指标透明化，从而引导公民健康消费、绿色消费。三是由于农产品主产区承担着重要的农业生态安全与粮食安全责任，所以需要结合区域实情确立本地的新型农业发展模式，如生态农业、绿色农业、循环农业等，进行生态认证农产品的生产，不断提升新型农业的产业价值，在保护当地农业生态环境的基础上不断促进当地经济发展；同时要着力培育新的环境友好型的产业增长点，如发展乡村旅游和休闲农业等，因为乡村旅游和休闲农业在资源消耗和环境破坏方面较小，而农产品主产区又具有发展这种产业的资源优势，所以在黄淮平原农产品主产区的一些区域，可以考虑划取一定比例的补偿资金用于发展农业乡村旅游、休闲农业等环境友好型产业，以实现区域农业生态环境资源与社会经济协调发展的有机契合。

其次，黄淮平原农产品主产区还要重视农业生态补偿成果的教育价值转化、消费价值转化以及人文价值转化。为此，要将生态补偿政策实施的成果之一——生态农业安全生产反作用于生态补偿的宣传教育，让更多的民众认识到生态补偿的必要性和先进性，以期实现农业生态补偿成果的教育价值。同时，政府应当带领并且鼓励消费者逐步建立起健康积极的绿色消费体系，以便逐渐形成规模化的绿色消费市场，以实现安全农产品生产和消费环节的对接，加快农业生态补偿成果转化为直接经济效益的速度。此外，要制定农业生态补偿的产业扶持政策，大力发展生态农业、循环农业、绿色农业等，加快对休闲农业、乡村旅游等新兴产业的扶持与引导，促进建立新的农业经济发展模式。为此，要按照产业转换成本最小化原则，根据区位自身优势选择接续产业，提高社会公众对农业生态服务价值的认同感，使其更加注重生态环境保护，更尊重农民对改善生态环境的付出，以推动农业生态补偿成果的人文价值转化。

6.3.4　破解农业生态补偿政策支撑方面问题的对策与建议

农业生态补偿的法规与其他保障体系为保障农业生态补偿的运行，需要相关的保障体系作为支撑。从目前的理论研究来看，这一支撑体系应包括：农业生态补偿法律法规体系、组织管理体系、金融财政体系、监督评估体系等。

6.3.4.1　法律政策体系完善方面

在法律政策体系完善方面，最重要的是健全农业生态补偿法律法规，优化农业生态补偿政策。因为农业生态环境作为一种重要的生态产品，具有典型的公共物品特性，为了处理好农业生态环境保护中错综复杂的关系，需要制定一系列相应的法律法规来规范并保证各相关主体各安其位。所以需要出台农业生态补偿的相关法律法规，明确与农业环境问题相关的责、权、利，清晰界定外部性因素的产权，在此基础上才有可能创建起交易外部性因素的农业生态补偿机制。正因为此，欧盟、美国、日本、德国等都通过立法的形式，为农业生态补偿提供强有力的制度保障，构筑起了相对完善和比较系统的农业生态补偿法律法规与政策体系。世界上不少农业发达国家实施的农业生态补偿政策取得了较好效果，如美国的"保护与储备计划"、"环境质量激励计划"、欧盟的收入补贴政策和农业环境补贴、日本的生态农业法律法规及生态农业认证等都对农业生态补偿政策优化有一定的借鉴意义。

目前，我国的农业补偿法律制度建设总体滞后，出台的补偿政策大多停留在政府指导意见层面，还没有出台专门的农业生态补偿立法，现有涉及生态补偿的法律规定散见于多部相关法律之中，农业生态补偿的主体、标准、方法及途径等还没有以法定形式确立下来，使得我国的农业生态补偿法律政策体系系统性不强，稳定性较差，实务中也不易操作。将农业生态补偿制度纳入我国的环境法律法规制度中来，是加强我国农业资源保护和生态系统保护的客观需要和必经之路。农业生态补偿制度只有被立法机关落实到法典之中，才能使农业生态补偿有法可依，其政策落实才能真正得到保障。为此，中央政府需要就农业生态补偿进行专项立法；地方政府则要依据中央颁布的相关法律法规，结合区域实情因地制宜制定区域性的农业生态补偿法规制度与政策体系，以使农业生态补偿工作真正有法可依。

具体来说，为了能够为农业生态保护事业保驾护航，需要不断建立健全与农业生态补偿相关的法律法规，如农业环境保护条例、自然资源保护法、土壤污染防治法、农业清洁生产法、农业循环经济促进法等，以便为农业生态环境保护与农业生态补偿提供更加明确的法律依据。现阶段，我国要加快制定《农业生态补偿条例》，鼓励并指导各地方出台相应的地方法规和规范性文件，以立法形式明确农业生态补偿的主体、补偿对象、补偿原则、补偿标准、补偿程序及实施细则等，并确定我国农业资源生态补偿制度的职责目标，不断推进我国农业生态补偿制度的法治化进程。而对黄淮平原农产品主产区的各具体市县（区）而言，各类经济建设或多或少会对农业生态系统产生一定负面影响，近年来其所在区域的一些地方政府也发布了一些与农业补贴和生态保护相关的法规政策，其中涉及相关农业主体权利义务的划分也逐渐清晰明确，但大部分都是以地方性政策法规和单一方面性治理条例为主，缺乏整体指导纲领和较为成熟的体系。所以，黄淮平原农产品主产区的相关地方政府应结合本区域农业生态资源和农业生产环境实情，在国家农业生态补偿法律、法规、政策的指引下，制定相适宜的配套政策与便于落实的支持性补偿措施，如重点加强对农业环境保护、农产品质量、农业安全生产等的支持，鼓励和引导农民进行清洁生产；同时，促进各地区明确农业生态补偿界限，科学制定补偿标准，引导、推广并逐渐普及环境友好型农业生产技术，引导发展资源节约型农业等。

6.3.4.2　财政政策保障方面

（1）农业生态补偿财政投入方面

针对当前黄淮平原农产品主产区农业生态补偿资金来源单一，财政投入资金总额不足，难以满足农业生态保护与建设大量资金需求的现状，应在市、县两级财政对镇、村两级财政转移支付的基础上，尝试技术补偿等新手段，积极争取更高层面的补偿金，及时有效地协调横向财政转移支付，以缓解本级及下属行政区域的补偿资金压力。同时，建议各级政府充分运用财税手段引导农业生态要素市场的进一步培育，在拓宽政府投入资金渠道的同时，逐步放开农业环境基础设施的市场准入，通过设立开放式公众基金引导民间资本等投身农业生态护建工作，不断加强绿色金融信贷对农业生态护建的支持力度，大力推动农业生态资本市场的发展等措施逐步完善以"政府投入为主、社会资助为辅"的农业生态补偿基金制度。

（2）农业生态补偿财政转移支付方面

在当前国情下开展农业生态补偿，政府财政转移支付是最有效、最便于操作的方式。政府财政作为农业生态补偿的主要资金来源，通过财政补贴、政策倾斜、技术支持等方式对农户或农业生态保护者进行补偿，这有利于农业生态补偿工作快速起步、平稳进入正轨。为此，要根据不同区域特点制定相应的财政政策，争取将农业生态补偿的内容纳入更高一级层面的纵向财政转移支付制度之中；同时要注意调整地方财政支付政策，加大农业生态补偿的横向财政转移支付。对黄淮平原农产品主产区的各级政府来说，除了要建立健全辖区内的农业生态补偿机制外，还要不断完善区域内农业生态补偿部门之间的协调机制，加强农业生态补偿工作的相互支持与配合；如果地方财政允许，就应考虑加大对农产品主产区农业生态护建工作的地方配套政策及资金支持力度，在合理确定财政转移支付规模的同时，通过纵向转移支付推动各级政府相关职能部门有效履行其对公共支出承担的社会责任。同时，考虑在黄淮平原农产品主产区对区域农业生态保护区、农业生态受益区流域对农业生态系统服务提供区流域之间的横向财政转移支付制度，通过农业生态环境要素在区域间的有效互换，实现对农业生态环境供给者的长效激励。在制定横向农业生态补偿标准时，要因地制宜，使制定出的区域补偿标准合乎实情与常理，实施补偿时不妨将横向转移支付纵向化，根据需要采取政策补偿、技术补偿、教育援助等配套补偿方式。

6.3.4.3 关于税收政策支撑问题的解决对策与建议

不断探索将农业生态成本内置为生产成本，通过征收生态税费等约束机制与减免税等激励机制，加快建立农业生态补偿的市场化机制。

（1）完善资源税法律制度

在我国现行税收体制下，资源税是与生态环境关系最为密切的一个税种，但其征税范围比较狭窄，主要针对在我国领域及管辖海域内的原油、天然气、煤炭、其他非金属矿原矿、黑色金属矿原矿、有色金属矿原矿以及盐的开采，而对其他资源的开发利用暂未作为税目列示，在实际中调节级差收入的作用发挥有效，很难引导自然资源的合理开发与利用。建议在修订资源税法时以促进自然资源保护与可持续开发利用为主要宗旨，确立普遍征收为主的资源税征收机制。根据当前我国国情，可考虑逐步将水资源、森林资源、草场资源、湿地资源等也纳入征税范围。而在确定新增农业资源税各税目税率时，建议跟农业资源的环境成本、资源合理开发、养护、恢复等挂钩，根据这些农业资源的稀缺程度合理确定其税率；同时为了减少农业资源的盲目开发与破坏行为，在确定其计税依据时建议统一按资源实际开采或生产的数量计税，不必考虑其是否已经销售或使用。在未来，当农业生态环保、农业生态补偿成为人们的常态意识时，可考虑将土地使用税、耕地占用税统一并入资源税税收体系中，以使资源税收制度更加规范、完善。当然，资源税改革任重而道远，近两年我国也出台了一些具有较明显农业生态调节与保护倾向的税收法律文件，如2014年出台的财税〔2014〕20号文中明确指出：占用用于农业生产并已由相关行政主管部门发放使用权证的草地，以及用于种植芦苇并定期进行人工养护管理的苇田建房或从事非农业建设的单位和个人，应按规定征收耕地占用税。对于这些税收政策规定，在执行时应严格落实，以发挥现行税制对农业生态维护与补偿的杠杆调节作用。

（2）落实环境保护税法实施条例

环境税是把环境污染和生态破坏的社会成本内化到生产成本和市场价格中去，再通过市场机制来分配环境资源的一种经济手段；其主要针对直接的污染物或者可能产生污染的产品征税，从本质上来看是一种生态税、绿色税。在环境税法还没有正式出台之前，我国发挥生态环保职能的环保收费种类较多，标准过低，立法层次不够，征收和使用的随意性很大，这限制了税收对污染、破坏环境行为的调控力度。2007年6月，我国政府首次明确要开征环境税，随后经过相关利益主体多年的博弈，我国在《国务院2012年立法工作计划》中将研究制定环境保护税法作为需要抓紧工作、适时提出的项目。2013年，"加快资源税改革，推动环境保护费改税"被写入党的十八届三中全会改革决议摘要中。而"十二五"规划纲要则明确提出："选择防止任务繁重、技术标准成熟的税目开征环境保护税，逐步扩大征收范围。"2016年12月25日，《中华人民共和国环境保护税法》经第十二届全国人民代表大会常务委员会第二十五次会议审议通过，并于2018年1月1日起开始施行，涉及的应税污染物主要包括应税大气污染物、应税水污染物、应税固体废物、应税噪声。

2017年12月30日，《中华人民共和国环境保护税法实施条例》（下称《实施条例》）发布，其总则的第四条规定：达到省级人民政府确定的规模标准并且有污染物排放口的畜禽养殖场，应当依法缴纳环境保护税；依法对畜禽养殖废弃物进行综合利用和无害化处理的，不属于直接向环境排放污染物，不缴纳环境保护税。从这个规定的后半句可以看出，对畜禽养殖废弃物进行综合利用和无害化处理的不在应税范围内，这有利于从税收层面引导畜禽养殖户积极减少农业农村污染，合理保护农业生态环境。与此同时，也应考虑开征农业环境税种，适时将化肥、农药、劣质地膜、饲料添加剂等投入品以及农业/农村废弃物如秸秆、粪便以及农村的垃圾及废水排放等纳入农业环境税种征收范围，并以这些污染性投入品、农业/农村废弃物、农村的垃圾及废水排放等对农业环境造成的污染程度合理设计差别化的税率。从而通过农业资源税种的介入不断改善农业/农村生态环境，使绿色生态农产品相对更具有成本和市场价格竞争优势，最终达到保护农业生态环境和推动生态循环农业发展的目的。

(3)规范与农业生态补偿相关的税费优惠

根据国家统一部署，2014年前后黄淮平原农产品主产区的各具体市县(区)对辖区内各相关部门自行制定的财税优惠政策进行清理。这就意味着不少地区的税费优惠口径会出现不同程度收缩，可能会对地方部分企业履行社会责任产生一些暂时性的冲击。为此，建议在国家层面规范并完善与农业生态资源开发补偿、利用补偿和受益补偿相关的税收优惠政策。近年来国家也在这方面做了一些努力，如财税〔2014〕38号文将"农业增值税免税政策的适用范围由粮食扩大到粮食和大豆，并可对免税业务开具增值税专用发票"，但相关税费优惠的规范与完善远远不能满足绿色农业、生态农业发展的政策需求。建议对农业企业为减少污染而购入的环保节能设备应考虑加速折旧，或允许用农业生态护建投资额的一定比例抵免企业投资当年新增的企业所得额。如果农业企业购买了防污专利技术等，不妨允许其对此类无形资产进行一次性摊销，对其用于农业生态护建的捐赠考虑与税前允许扣除的公益性捐赠同等待遇。

而为了鼓励农业环境保护、节能、节水技术的发展，可以将相关企业在这些方面提供的技术转让、技术培训、技术咨询等所取得的技术性服务收入纳入企业所得税技术转让优惠的规定范围之内。同时建议对农业/农村废弃资源、可再生资源循环利用或生态修复企业取得的废渣、废水、废气等原材料纳入增值税抵扣范围，合理确定其抵扣比率。因为剧毒农药、劣质农膜等农业生产投入物对农业生态环境的危害与威胁，建议取消现行规定中对其免征增值税的规定，同时适当降低农业"三品"的销项税率，以引导农产品主产区生态农业、绿色农业、有机农业的长远发展。

第七章　黄淮平原农产品主产区江苏区域农业生态补偿助推新型农业发展研究

7.1　基于农村社区发展的苏北农业生态补偿情况调研

黄淮平原农产品主产区江苏区域即苏北平原(以下简称苏北)日渐突出的生态环境问题如环境污染、生态破坏、资源浪费等不仅给社会造成了巨大的经济损失，也给人民生活和健康带来严重威胁。自20世纪80年代以来，国内逐步启动了国家层面的生态补偿的初步尝试。在江苏省境内，以地方为主导的生态补偿实践取得一定成效，如苏州在2010年就发布了建立生态补偿机制的意见。2013年年底，《江苏省生态补偿转移支付暂行办法》出台实施，该办法以市、县(市)为单位，将具有重要生态功能作用、提供重要生态产品的生态红线区域列入转移支付测算范围，加大财政性转移支付力度；同时，省级财政在实施该办法时坚持奖惩结合、强化约束，不断维护生态安全。江苏省农业政策机制和体制创新一直走在全国前列，一些出台的补贴项目已初具农业生态补偿雏形。苏北是江苏的欠发达地区，其农业生态补偿依然是以财政补偿为主，没有实现补偿主体和方式的多样性，补偿资金缺口较大，这一方面加重了财政负担，同时也不符合"谁受益、谁补偿"的生态补偿原则。为此，基于农村社区发展，调研评析苏北农业生态补偿民众认知情况、苏北农业生态补偿实施现状，并有针对性地提出完善对策，以期进一步推动苏北农村生态文明建设。

7.1.1　苏北农业生态补偿实施现状的调研分析

目前，苏北的农业生态补偿项目主要有农作物秸秆综合利用、农作物秸秆机械化还田、耕地质量监测、测土配方施肥等项目，本书主要针对上述几项补偿项目实施情况进行分析。

7.1.1.1 苏北农作物秸秆综合利用重点支持项目

以 2014 年为例，包括苏北在内的江苏省该项补贴重点支持秸秆收储中心项目、秸秆规模综合利用项目和秸秆集中供气工程项目 3 类项目，同时也明确提出对在第三方考核、省级检查中发现问题的扣减省级应补资金，造成的应补资金缺口由地方财政弥补。由此可见，2014 年江苏省这些农业生态补偿项目为地方政府也施加了不少压力，相关财政补贴政策导向性很强。为了配合省财政做好这些工作，各县(市、区)也在自身财力可承受范围之内积极采取行动，如宿迁的泗阳县安排 1000 万元资金支持秸秆发电企业进行技术改造和购置打捆设备，安排 500 万元补助从事秸秆收购的农民经纪人；泗洪县安排 800 万元集中购买打捆机发给乡镇使用，大大提高了各方从事秸秆综合利用的积极性，有效推动了该区域农业资源的综合利用。

7.1.1.2 苏北农作物秸秆机械化还田作业补贴项目

针对常规性农作物秸秆利用项目——农作物秸秆机械化还田作业，2014 年省财政共计下拨补贴资金 51 830 万元，其中苏北地区受益总额 36 673 万元，约占该项目省财政给予各市县补贴资金总额的 70.76%。为了更好地发挥省财政补贴的政策导向作用，省财政厅根据省政府办公厅《关于加快推进秸秆综合利用若干政策措施的通知》(苏政办发〔2013〕184号)确定的省级秸秆还田补助标准和各市县实际执行等情况，审核兑现省补资金。课题组对苏北主要市(区、县)农作物秸秆机械化还田调研的结果显示，各市县基本上都能按照省财政厅、省农机局要求组织实施该项作业，认真履行第三方监管核查职责，奖惩结合，严格按规定支付补助资金。以宿迁市为例，2014 年全市秸秆肥料化率达 75%，其下辖的宿城区安排 600 多万元，按照每亩 20 元的标准补助秸秆还田；下辖的沭阳县对没有焚烧的田块每亩奖励 5 元，这些区域差别性激励措施的实施推动了秸秆还田作业的有序开展。

7.1.1.3　耕地质量监测、测土配方施肥项目

省财政安排专项资金支持耕地肥力与质量监测点项目的实施。以宿迁市为例，其耕地质量监测项目实行市财政国库代管，财政资金支出，财政报账的核算方式。在项目资金下达后，严格按照细化项目合同资金使用方案进行报账，以确保项目资金专款专用。2013 年，宿迁市耕地质量监测项目资金计划金额 27 万元，已报账金额 19.14 万元，已实施尚未报账 7.855 万元。同时，为保护土壤生态环境，降低农业生产成本，各地区先后又开展了测土配方施肥项目。以宿迁市为例，其 2013 年测土配方施肥项目计划使用资金 50 万元。在项目资金支持下，宿迁市 2013 年完成测土配方施肥技术推广面积 28 万亩，应用配方肥的土地面积达到 20 万亩，推广配方肥 0.8 万吨，小麦亩节本增收 36 元，水稻亩节本增收 44.8 元，累计节本增效 731.6 万元。尽管这些项目的实施取得了一定的生态效益和社会效益，但其技术性较强，推广中人、财、物的匹配与协调需要各方特别是行政部门的大力支持。

7.1.2　基于农村社区发展的苏北农业生态补偿民众认知调研

农业生态补偿问题较为复杂，通过对基于苏北农村社区发展的农业生态补偿民众认知现状问卷回收资料进行分析发现，当前人们对农业生态补偿的认识不是很深入，农民对农业生态养护给予的补偿满意度较低。

7.1.2.1 调研的主要内容

（1）对农业生态补偿知情状况的调研

调查数据显示，有 18% 的调查对象表示借助各种信息渠道比较了解农业生态补偿；40% 的调查对象对农业生态补偿有一般程度上的了解，但不是很详细；30% 的调查对象对农业生态补偿不太了解，有点陌生；12% 的调查对象反映很少听说有关农业生态补偿方面的内容。由此可见，对苏北农村农业生态补偿的知晓程度还有待进一步提高。

（2）对农村社区在农业生态补偿作用发挥的调研

实地调查反映，调查对象对农村环境维护机构不是很了解，对农村社

区在农业生态补偿中的作用不是很熟悉。在农村环境维护认识上，认为农村环境无人维护的占16%，村委会维护的占32%，社区维护的占39%，自己管自己的占10%，不清楚的占3%。当前，有关农业生态补偿的相关政策法律不多，不少人缺少对农业生态环境保护的意识，只有广大农民树立起正确的环保意识并得到相应补偿，才能促使他们运用正确的环保型生产方式，进而改善农业生态环境状况。

（3）对社区发展的农业生态补偿优势的调研

在被问及通过农村社区实现其在农业生产中产生的生态利益补偿的诉求有什么优点时，调查结果显示，32%的调查对象认为通过农村社区实现生态补偿资金分配具有较为透明的优点；25%的调查对象认为实现自主管理成本较低；23%的调查对象认为能较快实现对农民的补偿；27%的调查对象认为能够在社区成员间进行公正的分配；6%的调查对象认为没有什么优点；2%的调查对象表示对此不太清楚。

（4）对农村社区参与保护农业生态环境的态度的调研

农村社区作为一个农民自治组织，可以使农民有效参与农村社会的公共产品供给。调查结果显示，绝大多数的调查对象对通过农村社区建设来实现农业生态补偿持有的是充满信心、积极参与的态度或期待参与的态度，同时，基于社区发展的农业生态补偿可以改善农业生态环境、为农民谋求福利、提升农村的生态文化氛围。

（5）对以社区为载体的农业生态补偿存在问题的调研

调查数据显示，39%的调查对象认为最主要的是补偿资金来源困难，即国家财政给予的支持不足以来补偿农民为保护农业生态环境所付出的代价；35%的调查对象认为在农业生态补偿中如何确定补偿范围、补偿数额、补偿类型存在较大困难；27%的调查对象认为补偿标准不明确，在资金分配过程中易出现混乱和纠纷；此外还有34%的人认为农业生态补偿存在法律制度不健全、补偿方式不确定等问题。

（6）对农村社区农业生态补偿的建议及意见

在当地被问及农业生态补偿问题上农村社区应从以下哪些方面进行完善时，调查结果显示，42%的调查对象认为社区应从经济上给予农民一定的补偿；23%的调查对象认为社区应从社会权益上对农民进行农业生态利益补偿，如加强对生态农业生产的项目投入；27%的调查对象认为应从政治权益上保护农民权益，即通过政府给予一定的政策支持来实现农业生态补偿；同时，也有8%的调查对象认为可以采取其他方式保护农民权益。

7.1.2.2 调研的结论

调查资料显示，苏北农村社区发展中的农业生态补偿主要存在以下问题：农民对农业生态补偿认知度不够、农村社区在农业生态补偿中的作用发挥有限、农业生态环境问题改善力度不大、农民维护自身农业生态补偿权利的意识较弱。但是通过调查也同时发现，多数调查对象对通过农村社区来构建和实施农业生态补偿制度持积极的态度，希望通过加强农村社区建设使之能更好地维护农民权益和农业生态环境，并从补偿方式、补偿标准、补偿资金来源方面提出建议和意见，以期为保护农业生态环境，建设农村生态文明做出自身贡献。

7.1.3 基于农村社区发展的苏北农业生态补偿完善措施

围绕对苏北农业生态补偿实施现状的调研分析、基于农村社区发展的苏北农业生态补偿民众认知调研评析得出的结论与发现的问题，建议从以下方面采取措施完善苏北农村生态补偿机制。

7.1.3.1 完善农业生态补偿的资金投入机制

目前，江苏省对影响农业生态的一些主要项目如农作物秸秆综合利用、有机肥推广使用等主要给予财政资金补助或奖励。尽管各级财政的共同努力取得一定成效，但目前江苏省的农业生态补偿依然是政府主导"输血型"补偿。因为生态补偿资金来源单一，投入资金有限，难以满足农业生态建设强大的资金需求。为此，各级政府一方面要充分运用财政贴息、投资补助、物价补贴等多种手段加大对具有农业生态功能的区域、产品和项目的支持；另外，要进一步培育农业环境要素市场，逐步放开环境基础设施的市场准入，引导社会资本积极参与对农业生态保持与维护的投入，如为扩大资金来源可考虑适当发行生态环境补偿基金彩票。

7.1.3.2　构建以社区为载体的农业生态补偿模式

农业生态环境是经济与社会发展的重要物质基础，更是广大农村社区居民赖以生存和发展的重要物质保障。构建农村社区为载体的农业生态补偿模式就是在农业生态补偿过程中探索一种社区成员共同管理、共同参与协商、决策、执行或监督处理的一种新型农业生态补偿运作思路。这会涉及生态保护、建设资金筹措和补偿资金使用管理等多个方面，因此需要不断探索科学的管理制度、多样化的生态补偿方法、补偿渠道、补偿方式等。江苏省省内各区域应学习苏州相城区望亭镇新埂村的成功经验，因地制宜确定自身农业生态补偿示范区，不断研究适合本区域的以社区为载体的农业生态补偿标准、资金来源、补偿渠道、核算方法、补偿方式等，以点带面，积极探索试点区域内农业生态环境共建共享的长效机制，以期为建立科学的农业生态补偿制度提供理论、实践和技术支撑，为全面建立农村生态补偿机制提供更科学的方法和经验。

7.1.3.3　建立社会化监督评估机制促使农业生态补偿健康长效

长期以来，我国在生态环境建设方面实行上级主管部门监督和评估其下级部门的工作，结果造成目标扭曲、评估和监测标准不够准确等。建议借鉴欧盟的监测评估经验，建立独立的第三方生态补偿政策监管和评估人才队伍，并以此为基础发展成为独立的监管评估机构。这一方面需要通过制定合理的考核评价标准和制度，按照奖优罚劣的原则对农业生态补偿、生态保护的成效进行认真评估；同时还应当将农业生态补偿绩效考核纳入当地政府考核目标体系，实施绿色 GDP 核算和考评标准体系。在建立健全农业生态财政资金绩效评价机制的过程中，明确农业生态补偿的责、权、利，加强农业生态补偿资金的使用监管，做到追踪问效，以提升农业生态补偿资金的使用效率与使用效果。

7.2　苏北循环农业生态补偿助推生态循环农业发展问题分析

7.2.1　我国循环农业生态补偿与生态循环农业发展研究述评

在循环农业生态补偿与生态循环农业发展方面，国内学者尹昌斌等探讨了循环经济的理念、循环农业的内涵以及发展循环农业的战略途径；周芹（2009）等指出，重庆三峡库区的农村面源污染比工业污染严重，为此急需建立生态补偿机制以促进循环生态农业的发展；李丽霞、张汝安等（2010）分析了山东循环农业存在的问题，并就农业生态补偿如何加快循环农业发展提出建议；赵凯（2012）剖析了我国耕地保护制度目前存在的不足，建议自上而下建立"三级"耕地保护资金以推动这些资金在省与省之间、省级内部以及县级各乡镇内部的资金合理自循环；陈树德（2013）针对不少失地农民得到补偿乱花钱、钱花光找政府再要钱的社会现象，建议尽快改变对农民的安置补偿方式；郭力方（2014）认为应进一步健全资源补偿制度以加强农业自然资源的循环利用；颜廷武（2015）等基于湖北省武汉、随州与黄冈三市的调查，分析了农民参与生物质资源循环利用补偿标准的测算。

综上，目前国内将循环农业生态补偿与生态循环农业发展结合起来的研究起步较晚，可借鉴的成果较少，现有的研究主要是结合某一区域生态循环农业发展中的某些问题来探讨相应的补偿政策、补偿方法，这对本区域生态循环农业发展有一定推动作用，但研究内容总体比较零散，研究框架系统性不强。本书吸取前人研究精华，并以存在问题为戒，进一步探讨循环农业生态补偿与生态循环农业发展的互动机理，并从补偿机制角度客观系统地评析了苏北生态循环农业生态补偿情况，在此基础上，结合当前该区域生态循环农业建设现状，因地制宜提出循环农业生态补偿助推生态循环农业发展的对策与建议，以供参考借鉴。

7.2.2　循环经济理念下农业生态补偿与生态循环农业发展的互动机理

循环经济的实质是生态经济，其理论基础主要是外部性。按照福利经济学、新制度经济学的观点，不管是正的外部性还是负的外部性都可能致使资源配置出现问题；为此，庇古主张通过庇古津贴、庇古税等政府手段，科斯力推产权交易等市场手段，调节经济主体间的资源配置以实现帕累托最优。而推动生态循环农业发展则是建立农业循环经济体系的主要途径，在这一过程中引进农业生态补偿机制就是为了通过政府的干预以及市场的调节推动农业生态的可持续发展以及农民经济利益的平衡。

7.2.2.1　合理的农业生态补偿有利于生态循环农业的发展

循环经济集经济、技术、环境和社会于一体，而生态循环农业则是把循环经济的理念与思想推广到农业领域，不断加大对农业、农村废弃物的资源化循环利用，持续开展农业生产加工过程中的节能减排工作，通过积极转变农业及农村的发展方式推动农业资源、农村经济的良性循环发展，以便实现"三农"效益共赢。而以循环经济理念指导建立健全农业生态补偿制度，并将其合理运用到生态循环农业发展中，能够矫正或减少农业资源开发利用中的环境问题，使农村环境得到清洁，区域农业生存发展状况得到改善，进而促进区域间农业经济的协调发展，不断实现农民增产增收。但农业生态补偿作为解决农业生态环境问题的一种理性选择，其并非是一种独立的农业经济机制，而是农业循环经济的"副产品"。建立健全农业生态补偿一方面是为缓解农业发展、农村经济建设对农业资源和生态环境造成的压力和破坏，另一方面是为实现农业资源与生态环境保护对农业经济建设的持续支撑，从这个意义上讲，有效的农业生态补偿机制有利于推动生态循环农业的健康持续发展、农村民生问题的改善以及农村社会公平的实现。

7.2.2.2　生态循环农业的发展能为农业生态补偿提供技术与理论支持

生态循环农业是一种环境友好型的农业发展模式，在实施中特别强调低消耗、低排放、高效益，需要借助技术创新、区域实践、体制保障来确保农业生态、农户利益、农村经济三者的协调统一。而农业生态补偿机制作为生态循环农业发展中的一项重要制度，其补偿目标能否实现主要依赖于农业经济发展方式能否顺利由"以资源消耗为基础的粗放式发展负面循环"向"资源节约与环境友好型的正面循环"效应上转变。因为农业生态补偿机制在设计与运行中需要一系列的理论与科学技术作为支撑，如补偿标准的确定、补偿效益的评价等；而生态循环农业比传统农业则更需要技术投入与管理资源介入，以使得循环农业发展理念主要依赖于智力资源与科技手段。可见，循环农业技术的研发、创新与推广对推动生态循环农业项目建设与发展至关重要，而生态循环农业经济的进一步发展又能为健全农业生态补偿机制、促使其发挥调控功能提供更多的理论支持与技术支撑。

7.2.3　苏北生态循环农业生态补偿情况评析

7.2.3.1　苏北生态循环农业生态补偿现状[①]

(1)从规模化畜禽粪便综合利用项目看

规模化畜禽粪便综合利用项目的补助对象主要是农民专业合作社、规模畜禽养殖场、畜禽粪便综合利用企业以及农业园区管委会(或村委会)。该类项目在最近三年的补偿情况有所差异，其中 2013 年的补助重点是规模化畜禽粪便治理工程，补助标准按不同类型补助 4 万元~190 万元不等。从 2014 年，该项目补助范围扩展为三类，即规模畜禽养殖场沼气治理工程、规模养殖场畜禽粪便有机肥加工项目、畜禽粪便处理中心项目。反映在补偿资金额度上，2014 年，规模化畜禽粪便沼气治理在 100 m^3 ~300 m^3，视情况补助 6 万元~65 万元，300 m^3 以上的参照中央项目补助标准执行；而对生物有机肥生产、畜禽粪便处理中心则分别按 30 万元/处、50 万元/处补助。2015 年，除了规模化畜禽粪便沼气治理项目视不同类型将标准调整为 6 万元~190 万元，另两个补助项目即生物有机肥生产与畜禽粪便处理中心的补助标准与 2014 年完全相同。

(2)从农业可再生资源循环利用项目看

农业可再生资源循环利用项目主要扶持三类——设施农业生产废弃物循环利用项目、大田循环农业项目、秸秆大棚生态种植项目，补助对象主要为大户、合作社、企业或农业园区。在资金补偿方面，农业可再生资源

---

① 根据《关于下达 2015 年度省级农业可再生资源循环利用专项资金的通知》(苏财农〔2015〕45号)、《2014 年江苏省省级农业支持与保护竞争类项目申报指南》和《2013 年江苏省农业生态环境保护项目(竞争类)申报指南》相关内容整理获得。

循环利用的三类项目 2013 年、2014 年与 2015 年的资金补偿额相同，其中设施农业生产废弃物循环利用单体项目的补助金额每处不超过 30 万元；大田循环农业单体项目的补助标准为 40 万元/处；而秸秆大棚生态种植单体项目的补助额度较低，每处仅为 20 万元。

(3) 从秸秆综合利用项目看

秸秆综合利用重点支持秸秆收储中心、秸秆规模综合利用以及秸秆集中供气工程三类项目，补助对象以农民合作社(或企业)、村委会、农业园区管委会为主。在补偿标准上，省财政对秸秆综合利用的三类项目在 2013 年、2014 年与 2015 年的资金额度相同，即针对秸秆收储中心与秸秆规模综合利用项目，每个按 50 万元给予补助；而对秸秆沼气集中供气工程项目与秸秆气化集中供气项目，则分别按 65 万元/处与 110 万元/处进行补贴。

7.2.3.2 苏北生态循环农业生态补偿现状评析

苏北针对生态循环农业采取的补偿做法主要是基于福利经济学理论，通过庇古津贴发挥政府在生态循环农业项目建设中的作用，但这种做法本身也有缺陷，其对各经济主体的市场行为影响不大，加上实践中补偿执行不是很到位，致使循环农业生态补偿对本区域生态循环农业发展的推进作用有限。

(1) 从补偿主体角度评析

因为国家级的农业政策性资金主要用于农业重大基础设施建设，近几年苏北平原农业发展重点不断调整，各地对生态循环农业的重视程度有所减弱，加之该区域财政状况总体不佳，各地市很少设立直接用于生态循环农业发展的政策性支持资金，使得苏北平原循环农业生态补偿主要依赖省级补助项目，这些补助项目每一年的支持方向大致相同。尽管个别地市有时也会拿出一部分财政资金助推生态循环农业发展，但苏北地区的生态循环农业补偿主体总体来说比较单一，对省级财政的依赖性很强，各地市发展生态循环农业的动力明显不足，企业或社会组织等作为补偿主体的社会补偿、农户作为补偿主体的自我补偿在苏北暂时缺位。

（2）从补偿客体角度评析

江苏省生态循环农业生态补偿对象针对性较强，如秸秆综合利用项目中的秸秆收储中心项目由农民合作社或企业申报，秸秆规模综合利用项目由独立法人企业或合作社申报，秸秆集中供气工程项目的申报主体则是村委会、农业园区管委会或秸秆利用企业，这在很大程度上体现了补偿客体认定的多样化特点，但其补偿客体主要针对企业或组织，没有将配合生态循环农业发展的农户或为生态循环农业补偿项目提供技术支持的农技推广者纳入补偿对象之列。同时这三大类生态循环农业生态补偿项目属于省级农业支持与保护竞争类项目，这些项目一般实行的是限额申报制，如2014年江苏省农业可再生资源循环利用项目每个县（市、区）的申报数不能超过2个、秸秆综合利用每个县（市、区）只能申报1个项目，从而使得这些项目的申报竞争比较激烈、申报成功难度较大。

（3）从补偿范围角度评析

近几年，江苏省任务类的农业生态补偿项目主要由省财政支付补偿资金，这些补贴项目资金在区域分配上通常都是苏北的总体比例要高于苏南和苏中，但苏北农业生态补偿资金缺口依然很大，而且大部分农业补贴资金主要用于常规性农业生产发展中的农业环境补偿。而竞争类的农业生态补偿项目与循环农业相关的较少，目前主要是规模化畜禽粪便综合利用工程项目、农业可再生资源循环利用项目以及秸秆综合利用项目，虽然这三大类项目下面又列示出了可以进行补偿的农业资源循环利用的具体细目，但这些规定在苏北、苏南、苏中没有太大差异。目前，苏北大部分地区的主体功能定位是限制开发的农产品主产区，发展区域生态循环农业对其经济可持续发展意义重大，但循环农业生态补偿范围偏窄，补偿内容有限影响制约了该区域生态循环农业的有效发展。

（4）从补偿方式角度评析

目前，苏北地区的生态循环农业补偿主要通过政策倾斜提供资金补偿，这是由政府针对一些重要的生态循环农业建设项目提供的财政补贴。事实上，农业生态补偿中最常见的就是资金补偿，这种方式简单直接，覆盖面较广。在江苏省省内，近年来财政对农作物秸秆机械化还田作业、耕地质量监测、测土配方施肥等农业生态补偿项目采取的都是这种方式。但这种方式也有不足，就是补偿客体拿到补贴资金以后可能会随时改变资金用途，为了更好地发挥农业生态补偿的效果，在资金补偿之外，可以考虑针对生态循环农业项目配套设施设备、生物农药、高效肥料等进行实物补偿，针对农业生物技术培训、农业机械创新技术推广等进行技术补偿，针对循环农业项目跨区域生态投资等给予政策补偿。

(5)从补偿标准角度评析

截至目前，国内外对农业生态补偿标准的评估方法尚不统一，但确定农业生态补偿标准在理论上应该考虑成本因素、受偿意愿以及支付能力等因素。其中成本的高低会因所在区域生态循环农业的类型、技术手段、生产方式等不同而有所差异；同时补偿客体的受偿意愿、补偿主体的支付能力等因素也会因为区域位置、消费习惯以及各地区经济社会的发展水平等影响而产生较大差异。但在江苏省最近几年的生态循环农业项目补偿中，苏北、苏中、苏南的补偿标准基本类似；同时针对三大类项目，除了规模畜禽养殖场沼气治理工程上的补偿金额在各年的标准略有不同外，其他项目的补偿金额基本没变，这显然不符合生态循环农业补偿与发展的内在规律。

7.2.4 循环农业生态补偿支持下的苏北生态循环农业发展情况分析

在循环农业生态补偿政策扶持下，近年来，苏北地区各地市按照现代农业发展的要求和循环经济发展的方向，因地制宜、分类指导、错位竞争，大力推进生态循环农业建设，虽取得一定成效但也存在不少问题。

7.2.4.1 苏北生态循环农业项目建设与发展取得的成效①

(1)农村清洁能源工程大力实施

苏北各地市近些年大力推广沼气技术，积极探索生态循环农业工程，通过种、养、加工各环节的有机衔接推动农业节能减排降耗工作。该区域内涌现出了一大批先进生态循环农业模式，如连云港东海县的"畜—沼—菜"循环农业模式、宿迁市的"猪(牛、鸡)—沼—电—菜(鱼)"循环发展做

---

① 根据实际调研和对苏北各市农业委员会相关部门工作人员访谈资料整理获得。

法、徐州市马庄村的秸秆太阳能沼气循环利用、淮安市淮阴区的"猪—沼—农(林)"农牧循环发展等。以连云港东海县为例，该县目前建成的农村户用沼气池在苏北地区最多，达到6.7万个，其辖区内的农户将沼渣、沼液作为有机肥料建设"畜—沼—菜"生态循环农业项目①。而宿迁的泗洪县则积极开展"三沼"综合利用，形成了"养殖—沼气—粮(果、菜)"的种养立体循环农业发展格局，截至2015年3月底，泗洪县已建成并投产养殖场沼气项目37处，每年可为养殖场年节约电、煤等费用支出250万元以上，为周边受益农户节约燃料、化肥、农药支出户均2 500元以上；同时建成的12个"三沼"综合利用示范基地每年产生20多万吨沼渣沼液用于农作物生产，不断开创产气与积肥同步、规模养与生态种同行、经济与生态效益共赢的良好局面。

(2)农业废弃物(农废)综合利用成效明显

苏北地区以秸秆、粪便为重点，实施秸秆肥料化、能源化、工业原料化、饲料化、基料化等利用以及集中化转运。其中宿迁市财政安排1 030万元资金支持农废综合利用项目，全市农废综合利用率达到95%，处于全省领先位置，该市下辖的三县两区均为江苏省秸秆综合利用示范县，其夏粮秸秆综合利用率比全省平均水平高出10个百分点②，截至2013年年底，全市已建成中节能、凯迪热电、国信电厂等多家生物质能发电企业，秸秆发电率达到8%左右。2014年，江苏省有三个县(市)获得畜禽粪污等农业农村废弃物综合利用试点项目中央财政补助，而位于苏北宿迁的泗阳县、盐城的大丰区就位列其中，其中泗阳县共获得补助资金1 000万元，主要用于种猪养殖区的建设以及养殖区的废水处理、有机肥加工等工程，这些项目的建成对减少该县养殖区生猪排污，促进周边农业农村废弃物的消耗，提高当地有机肥的生产与施用意义重大。而在2015年10月9日，科技部、农业部又联合发布了《农业废弃物(秸秆、粪便)综合利用技术成果汇编》，其面世有利于吸引更多的企业和专业投资机构参与苏北地

---

①　来源于农民日报《江苏东海县沼气带动循环农业发展》，见金农网：http://www.jinnong.cn/news/2015/11/13/201511138474052476.shtml。

②　来源于江苏财政新闻联播《宿迁市财政助推生态循环农业发展取得新成效》，见财政部网站：http://www.mof.gov.cn/pub/mof/xinwenlianbo/jiangsucaizhengxinxilianbo/201210/t20121010_686756.html。

区农废资源的规模化利用、促进该区域农业先进科技的应用及示范推广。

（3）农业清洁生产工程扎实推进

农业清洁生产由清洁投入、清洁生产、清洁产出三块内容构成，实施该工程是保障食品安全的关键。苏北各地近几年运用清洁生产理论控制农业污染，推广测土配方施肥技术，应用配方肥、有机肥、有机无机复混肥，其中淮安的盱眙县组织开展小麦新型水溶肥料试验示范工作，连云港的赣榆区积极推广蔬果水肥一体化技术努力推进化肥使用零增长。同时苏北各地坚持农业生产禁用高毒农药，倡导利用低毒性、低残留的农药作为替代，同时积极尝试农用地膜的回收与利用，努力减少农业废弃物对自然环境的污染。目前，苏北已建成一批与测土配方施肥相对接的农业配方肥销售点、农业土壤肥力监测点、测土配方施肥示范点、秸秆腐熟剂推广应用试验点等；各地市测土配方施肥面积均已超过60%，亩均施用农药年均下降达到2个百分点，预计到2020年年底，苏北各地可全面实现化肥施用零增长。

（4）生态农产品认证数量快速增加

苏北各地市依托优越的自然生态环境和丰富的农业资源，不断强化农产品安全建设工作，继续加大无公害农产品、绿色食品、有机食品（简称农业"三品"）的生产，连续创建了一批放心农产品生产基地、放心农产品加工企业和放心农产品销售窗口。目前，徐州、宿迁、淮安、盐城、连云港五地市农业"三品"种植面积占耕地的比重均已超过80%，其中宿迁市在全市范围内杜绝高毒农药的使用，通过认定的"三品"数量累计达810个，全市累计认定无公害农产品产地面积548万亩，占可食用农产品产地面积的84%。而徐州的沛县则在苏北率先通过国家生态县考核验收，该县积极发展生态循环农业，不断加大农业"三品"基地建设和农产品质量安全监督管理，其区域内与农业"三品"相关的农作物种植面积逐年增加。因为苏北各地市出产的农业"三品"特色鲜明、质量可靠，受消费者的青睐度越来越高，有的农业"三品"还远销日本、韩国等地，使得该区域生态农产品显示出较好的综合效益。

7.2.4.2　苏北生态循环农业发展面临的主要问题

(1)生态循环农业各地重视程度不同,推进力度有差异

尽管苏北地区生态循环农业建设布点早,但受苏北地区经济发展实力弱、先进农业技术推广成本高等客观因素制约,该区域生态循环农业仍处于初级阶段。因为发展生态循环农业必须以经济利益为驱动力,但现实中一些好的生态循环农业项目却因前期投入大、生产成本高、资金回收周期长,短期内生产效率低下、经济效益不明显而导致无法进一步发展。所以发展生态循环农业需要政府建立起一套完善的制度供给,通过宏观调控减少生态循环农业发展中因为道德风险和逆向选择而造成的资源浪费。目前苏北不少地市的生态循环农业在实施推进中缺乏良好的政策环境,不少地方政府部门受经济增长惯性思维的影响,对争取生态循环农业项目的意识不强,而对争取下来的项目在建设中的推动力度也不够,使得区域内生态循环农业的整体发展速度较为迟缓。

(2)生态循环农业亮点示范推广不多,资金技术缺口较大

苏北很多生态循环农业的基地建设基础不错,但对生态种养产业衔接的意识不够,不少投资者往往只重视项目的直接经济效益,而对农副产品废弃物再利用产生的经济效益关注不够,导致一些很有发展潜力的建设项目没有深入开发、一些好的做法没有及时推广,使本可以通过循环利用再产生的经济效益流失,导致资源浪费、效益低下。同时,处于发展初期的生态循环农业离不开大量的资金投入和技术支持,但不少地方政府对此却只依靠上级财政扶持,没有相应的地方财政配套投入,也没有通过舆论宣传等手段充分调动投资经营主体的积极性;加上目前苏北生态循环农业发展中的成熟生产技术较少,发展规模也较小,实践中又会遭受农业技术锁定的影响,使得为数不多的可替代技术推广效果不明显,区域内生态循环农业发展总体先进技术依托不足。

(3)循环农业生态补偿效果有限,相关财税政策有待完善

由前面对苏北循环农业生态补偿情况的分析能够看出,由省财政主导的循环农业生态补偿对苏北生态循环农业的发展起到了一定的推动作用,但因为存在补偿"主体单一、客体有限、范围偏窄、方式简单、标准僵化"

等问题，使得循环农业生态补偿机制在推动区域生态循环农业发展、改善农村环境问题与民生问题方面发挥的作用有限。在农业环境制约日益严峻、市场主体参与农业生态补偿意识不强的情况下，想主要借助市场机制来实现农业环境资源的有效配置并不现实，当前循环农业领域的生态补偿说到底还得由政府来主导。但我国目前与农业生态补偿相关的法规或政策体系性不强，国家层面对该领域的补偿缺乏刚性的法律保障，而地方性的补偿规定大多是泛泛而谈。因为还没有形成完整的农业生态补偿财税政策支持体系，现行的部分农业财税政策存在缺陷，补偿利益导向不明确，不能持续对农业要素市场进行干预；加上农业补偿资金缺口较大，生态循环农业补贴时暗箱操作时有发生，使得本该受益的对象没有直接受益或受益不足，影响其参与该活动的积极性。

7.2.5 循环农业生态补偿助推苏北生态循环农业发展的建议

7.2.5.1 充实农业生态补偿主客体，争取生态循环农业补偿申报项目

目前，苏北的农业生态补偿是以省级政府为主体的国家补偿为主，补偿资金来源非常有限。为此，建议拓宽补偿的融资渠道，努力构建生态循环农业多元化的投融资机制，通过政策导向吸引更多社会资本、民间力量参与到生态循环农业发展事业中来，使更多的企业、社会组织或个人愿意资助或援助农业生态环境保护和建设，使更多的农户愿意遵循生态循环农业理念，积极采纳"两型"农业生产模式，不断尝试使用新的或改进过的农业技术促进农业环境资源的循环利用，以增强农户的自我补偿能力，在此基础上，不断推动区域性农村经济与农业环境的协调发展。同时，在确定生态循环农业补偿客体时应结合区域特点与补偿项目特色，有的放矢，使直接参与生态循环农业环境保护或项目建设产生正外部性效应或减少负正外部性影响的单位、组织或个人能够从补偿中受益。加上技术创新是生态循环农业发展的主要基石，因此对负责农业技术研发、推广的农技中心、农技推广站、农技推广人员等，也要给予一定的财政支持或定额补贴，因为这些单位或个人的工作态度、工作成效会对生态循环农业发展产生较大影响。在不断充实生态循环农业补偿主客体的同时，建议将生态循环农业

补偿项目的申报成效作为对地方农业委员会等部门进行业绩评价的一个主要指标，以促使这些部门或机构积极建设生态循环农业项目储备库，认真编制区域性补偿项目的可行性报告，在吃透上情的基础上加强同地方财政的沟通，鼓励符合条件的主体进行生态循环农业补偿项目的申报，努力提高针对性、创新性强的补偿项目的命中率。

7.2.5.2 借鉴欧盟经验拓宽循环农业补偿范围，加大生态循环农业推进力度

针对农业生态补偿，通过查阅相关文献发现欧盟的补贴体系较为完备、补偿范围相对宽广。总体来说，欧盟的农业生态补偿总补贴由作为重点的共同农业政策（CAP）和作为补充的中间费用补贴、外部影响补贴构成，而共同农业政策又包括 CAP 第一栏补贴与 CAP 第二栏补贴。其中 CAP 第一栏补贴由与生产不挂钩的补贴、农作物补贴、牲畜补贴三个细目构成；CAP 第二栏补贴由农村发展计划（其下又有环境补贴、欠发达地区补贴和其他补贴三个子目）、其他补贴构成。从表 7-1 能够看出，欧盟 15 国其对有机农业每公顷的平均补贴金额为 438 欧元，总体超过常规农业 80 多欧元，而且有机农业 CAP 第二栏补贴占总补贴的比例高达 41%，比常规农业同一项目补偿的比重高出 26 个百分点，反映在其下的子目中，有机农业环境补贴、欠发达地区补贴合计 163 欧元，比常规农业这两项子目的合计补贴额高出 118 欧元，占总补贴的比例高出常规农业 24 个百分点。由此可见，欧盟是通过加大对有机农业的补偿力度来改善区域农业生存发展环境，促进区域农村经济协调发展的。因为 CAP 第一栏补贴在实施时主要通过政府直接补偿与市场调节相配合来帮助农户开展可持续性生产，CAP 第二栏补贴的主要目的是帮助农户推进农业现代化、农村经济多样化以增强农业竞争力与农村社区活力。而欧盟在对有机农业进行补偿时，除了关注 CAP 第一栏常规性的补偿项目外，又特别加大了对 CAP 第二栏补贴中农业环境补贴、欠发达地区补贴的补偿力度。

表7-1　2007年欧盟15国的常规农业与有机农业补贴结构比较

农业类型	常规农业		有机农业	
比较指标	每公顷平均补贴/欧元	占该类型农业总补贴比重/%	每公顷平均补贴金额/欧元	占该类型农业总补贴的比重/%
总补贴	355	100	438	100
CAP第一栏补贴	295	83	251	57
CAP第二栏补贴	55	15	181	41
农业环境补贴	24	7	127	29
欠发达地区补贴	21	6	36	8

注：表中总补贴下的具体细目与子目数据来源于农场会计数据网络(FADN)的调查数据。

苏北属于江苏省的欠发达地区，农业发展基础较好，所以建议借鉴欧盟经验拓宽苏北生态农业补偿范围，不仅要关注生态循环生产中的环境补偿，还要重视生态农产品加工销售环节的扶持，在条件许可时可考虑将支持农村发展的一些项目如农业水资源保护工程、农村生活污水和垃圾排放项目、生态循环农业农技推广项目、农业污染控制技术的研发、农业"三品"的加工销售等纳入补偿之列。在加大生态循环农业补偿力度的同时，苏北各地市要继续拓宽秸秆综合利用的渠道，努力实现秸秆无焚烧、无抛扔；各畜禽养殖场要有序推进大中型沼气治理工程，并配套建设蔬菜、花卉、果树等基地以进一步实现种养业的循环利用；在经济条件较好的农村集中居住区，要适当建设一批秸秆气化工程，促使农村生活用能管道化、清洁化和一体化。

7.2.5.3　恰当选择农业生态补偿方式，重视生态循环农业科技投入

在农业生态补偿中，除了给予金钱补偿这一方式刺激激励外，还要考虑补偿客体的需求与意愿，积极探索并实践多元化的补偿方式，以引导农户等相关主体的行为达到预期状态。如在规模养殖场畜禽粪便有机肥加工试点中，就需要配套的有机肥生产加工设施设备，对此可以考虑用相应的机械设备进行补偿；同时，苏北大部分地区不允许进行大规模的工业化重点开发，因此，在发展区域生态循环农业过程中要积极争取更多的生态循

环农业产业发展、产品生产、项目投资等方面的财税政策支持和优惠；此外，苏北这几年得到生态认证的农产品品种日益增多，这些有生态标志的农产品可以通过商品流通得到市场补偿。当然，生态循环农业的实施与发展需要大量的技术支持，其中减量生产、清洁生产、废物利用以及污染治理等技术更是循环农业技术层级中的重中之重。所以在生态循环农业发展中应当高度重视对传统农技的改进、对高新技术的研发、引进或推广。为此，建议不断加强该领域核心项目、关键环节的技术攻关，积极开展生态循环农业发展中的技术补偿，力争在生态种养、立体复合养殖、生态农产品精深加工、可再生能源开发利用等技术上再上新台阶。

7.2.5.4　合理测算农业生态补偿标准，有序推进生态循环农业示范推广

影响农业生态补偿的因素很多，要测算出科学合理的补偿标准并非易事，只有当确定的补偿标准既能合理反映出生态效益的价值，又能囊括额外的投入成本同时又能为市场所接受时，生态补偿机制才能正常运行并真正发挥作用。理论上测算农业生态补偿标准的方法较多，常见的有直接成本法、机会成本法、直接市场法、成本(费用)法、支付意愿法等，其中前四种方法只是考虑了部分重要因素对补偿标准测算的影响，以此为基础确定出来的补偿金额多少会存在一些问题。为此不少学者主张在实务中采用支付意愿法来测算我国的农业生态补偿标准，特别是测算支付意愿的选择试验法在理论上较为完美、在其他发达国家的应用相对成熟，但这种方法在应用时需要科学设计调查问卷或访谈内容，充分揭示消费者的偏好信息，努力减少调研信息与现实情况之间可能出现的偏差。目前，苏北各地市的生态区位、农林渔业的类型、所选择的"两型"农业技术以及对生态循环农业管理采用的措施等存在差异，因此，在选择农业生态补偿标准测算方法时，建议本着实用性与准确性均衡的原则，结合本区域特点合理测算农业生态补偿标准。在此基础上，因势利导、科学规划，在城镇郊区、公路沿线、种养产业基础较好的乡村优先建设一批生态循环农业示范园(点)，同时还要继续提高现有生态循环农业典型示范区的综合效益，加大其示范推广力度，以点带面，更好地推动苏北各具特色的市域、县域、镇域甚至村域生态循环农业的发展。

7.3 基于技术锁定与替代视角的苏北循环农业生态补偿效益评价

7.3.1 循环农业生态补偿效益评价的必要性分析

循环经济是建立在系统论与生态学基础之上的，其自 1990 年由伯斯和特纳首次提出后，在国外一般被视为生态经济的一部分，主要倡导资源节约与资源循环利用的理念，目的是减少资源消耗、使经济发展向主要依靠生态型资源的循环利用模式上转变。我国从 20 世纪 90 年代起开始引入循环经济思想，而将生态补偿机制这种环境规制引入循环型的经济发展则是为了更好地推动人与自然的和谐及动态平衡。在生态补偿实践方面，世界上多数国家生态补偿资金主要由财政提供，补偿程序主要由政府主导，但在生态补偿方式上各国差异较大，其中美国采用的是成本分摊法，芬兰采用的是自然价值法，俄罗斯、法国、德国等国用的则是税收法（Heimlich，2002）。进入 21 世纪后，西方发达国家开始尝试探索并逐步摸索出了一套主要通过市场来实现生态补偿的有效方式以使生态补偿逐渐产业化，并发展成为一种新型的服务业（Hansen L. G.，2002）。国外的研究与实践表明，政府在生态补偿中的作用不容忽视，目前大多数国家都将生态补偿定性为一种经济激励措施，其以政府财税补偿为引导，积极引入市场补偿机制，通过制定激励型的生态补偿政策，努力调动市场主体参与生态补偿的热情。

与国外相比较，我国有关循环经济理念下的生态补偿实践起步较晚，2006 年国务院在倡导建设"两型"社会时指出要大力发展循环经济，尽快构建相应的生态补偿机制；2008 年，中央政策将建立健全农业生态补偿制度明确化；2012 年《"十二五"循环经济发展规划》出台，其特别强调要大力构建循环型农业体系；2013 年国务院在《循环经济发展战略及近期行动计划》中将"构建循环型农业体系"作为重要内容，同年召开的十八届三中全会确定了农业的生态补偿制度。参照该基调，代表新型农业生产方式的生态循环农业等有望获得政策重点支持。在中央政策导向下，国内不少学者针对循环农业、农业生态补偿等进行了一些相关的研究，但专门针对区域性循环农业生态补偿的研究较少且总体系统性不强。江苏省地处东部地区，其在全省范围内推广具有农业生态补偿性质的测土配方施肥技术、农作物秸秆综合利用等补贴项目并取得一定成效。而其辖区内的苏北主要区县位于黄淮平原这个全国主要的农产品供应地上，2013 年 7 月，江苏省政府在《省政府关于支持苏北地区全面小康建设的意见》中明确指出要大力发展现代农业，建立粮食主产区补偿机制。因为技术创新是推动生态循环农业快速有效发展的主要手段，而农业生态补偿与生态循环农业建设又相互影响，在循环农业发展中考虑技术锁定与技术替代的因素刻不容缓。为了更好地推动区域循环农业的发展，有必要基于循环农业技术替代的需求，对黄淮平原农产品主产区江苏区域循环农业生态补偿的效益进行评价，并在优化循环农业生态补偿政策时关注循环农业技术补贴机制的完善，以推动黄淮平原农产品主产区江苏区域循环农业的持续健康发展。

7.3.2　技术锁定与替代对生态循环农业发展及其补偿政策设计的影响

7.3.2.1　技术锁定问题对生态循环农业发展的影响

目前，我国生态循环农业发展的不少先进技术推广效果不明显，生态农业经济绩效不高，农业生态环境质量改善有限，其中一个很重要的原因就是遭遇了农业技术锁定。按照约瑟夫·熊彼特的观点，人们在技术选择方面，往往是经济目标优先于技术，这种选择会导致技术锁定，并由此产生主导技术，但主导技术并不一定最有效。以单纯施用化肥耕作与测土配方施肥耕作为例，尽管人们都知道测土配方施肥耕作更能提高农产品质量、优化农业生态环境，但在现实中，因为单纯施用化肥耕作省时省力，在短时间经济效益明显，在大量农村精壮劳力外出打工，农业生产日见边缘化的情况下，农村剩余老弱劳力更愿选择单纯施用化肥耕作的技术进行农业生产。同时，农业生产者采用农业替代技术的主要动力是对经济效益的追求，尽管近几年我国不少地方也在大力发展家庭农场经营模式，但目前我国的农业生产经营方式依然以农户小规模经营为主，因为农业生产经营规模小、农产品商品率低，就算采用替代技术经济效益也不明显。因此，尽管该区域也实施了有机肥施用、测土配方施肥等农业生态补偿项目，但这些补偿对农户进行生态农业技术替代使用的激励性不大。此外，尽管目前各地都是倡导退耕还林/还牧、秸秆还田等保护性耕作的生态农业方式，但各地城镇化进程的加大加快致使人均耕地面积不断减少，部分农业生产者为提高农业单产率，往往倾向于原有粗放式的生产模式，大量使用地膜、化肥、农药等强污染农业投入品，致使生态循环农业技术难以被广泛采用。

7.3.2.2 循环农业技术替代需求对农业生态补偿政策设计的影响

因为生态循环农业发展中的技术锁定问题，使得农业生态环境改良、生态循环农业的生产环节、生态农产品的加工环节、生态农产品的流通环节在不同程度上都面临技术挑战。为此，在生态循环农业产前、产中、产后的整个流程中，面向土、水、肥、药以及农产品等关键要素，急需进行技术解锁并推动与生态循环农业发展模式相匹配、相兼容的生态循环农业技术的研发与推广使用，如秸秆综合利用技术、测土配方施肥技术、节水灌溉技术、智能变量施肥技术、杂草精准喷药技术、水土流失控制技术、防护林带营造技术、基于物联网的农产品溯源技术、农业生产远程监控与管理技术等。在国务院倡导建设"资源节约型、环境友好型"社会的大背景下，针对生态循环农业模式在运行与推广中所产生的这些生态农业技术替代需求，为了更好地发展农业/农村循环经济，在完善现行区域性农业生态补偿机制、现行区域农业生态补偿政策时，需要将推动生态循环农业技术替代作为一个重要因素加以考虑，特别是现阶段我国的农业生态补偿以财政补偿为主，相关财政政策设计的合理与否直接会对生态循环农业发展中的技术创新、技术替代产生影响，进而影响区域生态循环农业的发展。为此，在优化农业生态补偿政策时，要考虑通过政策引导不断完善生态农技的研发与推广，以便为农业/农村生态循环经济的发展提供技术支撑。

7.3.3 苏北循环农业生态补偿效益评价指标集的确定

为了对农业生态补偿政策的落实执行情况进行评估考核，需要建立科学的农业生态补偿评价体系。可以借鉴德国的做法，采取国家层面制定生态补偿评价通用指标与地方层面制定特征指标相结合的方法，以确保农业生态补偿评价指标体系符合区域实际情况，有利于激发地方政府实施农业生态补偿的主动性和积极性。

7.3.3.1　评价通用指标集的确定

本书在科学性、系统性、可操作性、导向性等原则指导下，运用 ISM 法构建农业生态补偿效益评价指标体系，而确定评价指标的构成要素是其中必不可少的环节。

（1）备择指标的获取与整理

在确定备择指标时主要采用文献检索法获取与农业生态补偿效益评价相关的指标或反映指标性质的描述性词汇，而来源文献既涉及有关学者撰写的理论文献，也参考了相关政府部门对农业生态补偿项目实施效果进行绩效考评的具体指标。而在政府部门考评农业生态补偿项目实效绩效指标检索方面，主要以针对在国内主要省市普遍实施的具有农业生态补偿性质的项目，参考相关政府部门农业生态补偿绩效考评的指标或要求。通过以上两类检索途径，最后获取农业生态补偿效益评价备择指标的来源文献/文件，因为这些来源文献/文件作为一个整体较为合理，据此搜集整理获得的 36 个备择指标见表 7-2，其在一定程度上具备充分性、相关性与可靠性的特征。

表 7-2　农业生态补偿效益评价备择指标

代号	指标名称	代号	指标名称	代号	指标名称
1	农村居民人均 GDP	13	人均耕地面积	25	农村居民幸福指数
2	退耕还林/牧面积占土地面积比	14	经济效益	26	农业从业人员比例
3	农村人均纯收入增幅	15	人均生态赤字	27	农村生态旅游产业发展
4	农林牧渔结构产值变化	16	化肥利用率	28	农业生态补偿意识提高
5	生态事故发生率	17	水土流失比例	29	亩均适用农药下降率
6	恩格尔系数变化率	18	农业产投比	30	节水灌溉面积比例
7	柴火占能源消耗比重	19	化肥减施强度	31	政策带动其他产业发展
8	参加新农合人数	20	农药减施强度	32	秸秆综合利用率
9	农业参加合作经济组织成员人数	21	森林覆盖率	33	有机肥施用数量
10	环保投入占 GDP 的比重	22	增加就业岗位	34	农村沼气使用率
11	参加农村社会养老保险人数	23	农户满意率	35	社会效益
12	耕地复种指数	24	生态效益	36	农民增收程度

（2）农业生态补偿效益评价通用指标的确定

以文献/文件获取的农业生态补偿效益评价备择指标为基础，进一步选择出适合区域农业生态补偿效益评价的通用指标。实施该类指标选择的步骤如下：首先采用特尔斐法（Delphi）提请有关专家对备择指标进行评估，同时采用头脑风暴法让课题研究小组成员针对此问题各述已见；在此基础上，结合两种方法获取的信息反馈，剔除明显不适合农业生态补偿效益评价的指标、保留适合区域农业生态补偿效益评价的指标，整合内涵相近的指标并对其重新命名。

①剔除的指标

表 7-2 中不适合农业生态补偿资产评价的指标共有 15 个，其中农业从业人员比例与增加就业岗位两个指标性质相近，而增加就业岗位与农业生态补偿效果的相关性更强，故删除农业从业人员比例；农村人均纯收入增幅与农民增收程度评价内容相似、农药减施强度与亩均施用农药下降率反映的补偿效果相似、因农民增收程度、农药减施强度在文献中出现频率较高，所以删除农村人均纯收入增幅、亩均施用农药下降率指标；农林牧渔结构产值变化指标口径过大，不适宜作为通用评价指标，故删除；柴火占能源消耗比重反映的内容大部分能在秸秆综合利用率中体现出来，故删除柴火占能源消耗比重；参加农村新型合作医疗人数、参加农村社会养老保险人数、农业专业合作经济组织成员人数这三个指标在一定程度上能反映农村经济发展的社会效益，但其与补偿实效关联性较小，故删除；人均耕地面积、耕地复种指数、人均生态赤字影响因素太多，其对农业生态补偿效益的评价功能不易突现，故删除；环保投入占 GDP 的比重反映环境监管能力，其投入的一部分会形成农业生态补偿资金，用其来考核补偿效益不合适，故删除；退耕还林/牧面积比重与森林覆盖率相互影响，而后者在反映农业生态补偿效果上内涵更丰富一些，故删除前者；而政策带动其他产业发展指标本身就包含了带动农村生态旅游业发展，故删除后者；而农户满意率会影响农村居民幸福指数，两者相比农村居民幸福指数更能反映出农业生态补偿的社会效益，故删除农户满意率。

②保留的指标与替代/整合的指标

表 7-2 中保留下来的适合区域性农业生态补偿效益评价的因素指标有

15个：分别是农村居民人均GDP、农业产投比、秸秆综合利用率、政策带动农村其他产业发展、生态事故发生率、生态效益、社会效益、经济效益、增加就业岗位、节水灌溉面积比例、农业生态补偿意识提高、农民增收程度、农药减施强度、农村居民幸福指数、森林覆盖率。表7-2中替代/整合并重命名后的指标有4个，其中恩格尔系数变化率在反映农业生态补偿效益时口径过大，故将其调整为农民恩格尔系数变化率；有机肥施用数量、化肥有效利用率、化肥减施强度三个指标密切相关，故整合其评价内容，用新的指标有机肥施用率替代；农村沼气使用率受到农村户用沼气年建设数量的影响，而后者数据更易获得，故用其替代前者；水土流失治理率与水土流失比例相比，前者更能体现出农业生态补偿的效果，故用其替代后者。

（3）确定的通用评价指标集

在按照上述思路与方法对表7-2中的备择指标进行处理的基础上，最终确定出适合区域农业生态补偿效益评价的19个通用指标（见表7-3），即农村居民人均GDP、农业产投比、农民恩格尔系数变化率、有机肥施用率、秸秆综合利用率、农村户用沼气建设数量、水土流失治理率、生态事故发生率、农药减施强度、森林覆盖率、生态效益、经济效益、社会效益、增加就业岗位、农村居民幸福指数、农业生态补偿意识提高、节水灌溉面积比例、政策带动的其他产业发展、农民增收程度。

表7-3　区域农业生态补偿效益评价通用指标

代号	指标名称	代号	指标名称	代号	指标名称
1	农村居民人均GDP	8	生态事故发生率	15	农村居民幸福指数
2	农业产投比	9	农药减施强度	16	农业生态补偿意识提高
3	农民恩格尔系数变化率	10	森林覆盖率	17	节水灌溉面积比例
4	有机肥施用率	11	生态效益	18	政策带动的其他产业发展
5	秸秆综合利用率	12	经济效益	19	农民增收程度
6	农村户用沼气年建设数量	13	社会效益		
7	水土流失治理率	14	增加就业岗位		

7.3.3.2　苏北农业生态补偿效益评价指标集的确定

（1）影响苏北农业生态补偿效益评价指标选择的因素

①自然因素——苏北平原概况

苏北平原位于秦岭淮河以北，华北平原南端，区域面积总计约 3.54 万平方千米。本区域主要由盐城、淮安的北部，宿迁、徐州的东南部，连云港的灌南、灌云两县组成，气候以暖温带半湿润季风气候为主，四季分明，年均气温在 13.4 ℃左右，年均降水量约 100 厘米，年日照天数约 89～101 天。区域内水网密集，河流、湖泊众多。近些年苏北实施农田水利建设改造工程，大力推动区域农业稳产高产，同时开展大规模植树造林活动、积极发展特色种植养殖、因地制宜开发废弃滩涂、努力推动自然保护区建设，不断改善区域内农业生态环境。作为中国主要的商品粮基地之一，苏北地区农作物品种丰富，区域农业优势明显，特别是其中的里下河流域远近闻名，这里生态环境良好，盛产水稻、油菜、棉花，有全国唯一的联合国生态农业示范村。

②区划功能因素——农产品主产区的功能定位

在 2010 年的"国家规划"中，江苏的大多数地区被划入全国优化开发区中的长三角地区以及重点开发区的东陇海地区。具体到苏北五市，"国家规划"中徐（徐州）、连（连云港）两市位居全国重点开发区域之内；而淮（淮安）、盐（盐城）和宿（宿迁）三市在国家规划中未被明确提及。因淮、盐、宿三市的主要区县位于黄淮海平原这个全国主要的农产品供应地，2014 年 2 月，江苏省依据"全国规划"和自身"十一五""十二五"规划纲要，发布了《江苏省主体功能区规划》（以下简称《江苏规划》），其以省辖市城区和县（市/区）作为划分单元，明确了淮、盐、宿三市的主要区县以及徐、连两市中少数区县作为农产品主产区的主体功能定位。基于该功能划分，有必要根据各区域的不同农业主导功能强化区域内的农业调控，实施更合理的区域农业生态补偿政策与农业生态绩效考评办法，以推动区域特色农业、优势农业的更好发展。

③政策因素——苏北农业生态补偿项目实施的影响

目前，苏北实施的具有农业生态补偿性质的项目大多以政府财政输血为主、税收优惠为辅，涉及的补贴项目主要有耕地质量监测、测土配方施肥、有机肥补贴、规模化畜禽粪便综合利用工程、秸秆综合利用等。这些区域性农业生态补偿项目的实施影响的不单单是本区域的农业生产、农业生态环境，它还会涉及农业经济、农村社会等诸多方面，因此对其补偿效益的评价也必然是一个复杂的系统工程，与之相关的评价指标体系在建构时也应从补偿产生的经济效益、生态效益、社会效益等方面综合考虑。以秸秆综合利用为例，江苏省明确对秸秆综合利用给予财政、税收、电价补贴等政策支持，而苏北的秸秆资源量占全省的一半以上。苏北各主要农产品主产区借助财政等手段重点推动水稻秸秆、小麦秸秆、玉米秸秆等的机械化还田、规模综合利用、集中供气等综合利用项目，变废为宝，积极发挥秸秆作为生物质资源、农业肥料、食用菌基料、养殖业饲料以及环保型工业原料、新能源替代材料的多重功效，这对本区域的农业生态、农业经济及农村社会产生重要影响，一方面，秸秆综合利用避免了大量秸秆焚烧对本区域空气环境可能造成的污染、对农田土壤结构可能造成的破坏，明显改善了农业生产的生态环境；另一方面，秸秆资源化综合利用极大地促进农村种养殖业的增产增收，这为区域农业可持续发展奠定了经济基础；最后，秸秆综合利用减少了其肆意堆积造成的环境问题，有利于缩小城乡生活质量差距。

（2）苏北农业生态补偿效益评价指标集的确定

在上面确定的区域农业生态补偿效益评价通用指标的基础上，结合苏北农业生态补偿实施的具体现状，对正在推广的耕地质量监测、测土配方施肥农业生态补偿，考虑增设耕地肥力与质量监测点数量、测土配方施肥技术推广面积2个指标进行评价；此外，农业生态补偿会促进农业/农村废弃资源的利用，为此增加农业/农村资源利用率指标，这样就构建起了包含22个指标的苏北农业生态补偿效益评价指标集。如表7-4所示，该评价指标集由农业产投比、秸秆综合利用率、政策带动农村其他产业发展、生态事故发生率、测土配方施肥推广面积、社会效益农村户用沼气年建设数量、经济效益、增加就业岗位、生态效益、节水灌溉面积比例、有机肥施用率、耕地肥力与质量监测点数量、农业生态补偿意识提高、农民增收程度、农业/农村资源利用率、水土流失治理率、农药施用强度、农村居民幸福指数、农民恩格尔系数变化率、森林覆盖率、农村居民人均GDP组成。为了方便后续效益评价系统模型的构建，对这些评价指标进行随机编码（编码方式不会影响最后的结果），具体情况见下表7-4。

表7-4 苏北循环农业生态补偿效益评价指标及其编码

代号	指标名称	代号	指标名称
I_1	农业产投比	I_{12}	有机肥施用率
I_2	秸秆综合利用率	I_{13}	耕地肥力与质量监测点数量
I_3	政策带动农村其他产业发展	I_{14}	农业生态补偿意识提高
I_4	生态事故发生率	I_{15}	农民增收程度
I_5	测土配方施肥推广面积	I_{16}	农业/农村资源利用率
I_6	社会效益	I_{17}	水土流失治理率
I_7	农村户用沼气年建设数量	I_{18}	农药施用强度
I_8	经济效益	I_{19}	农村居民幸福指数
I_9	增加就业岗位	I_{20}	农民恩格尔系数变化率
I_{10}	生态效益	I_{21}	森林覆盖率
I_{11}	节水灌溉面积比例	I_{22}	农村居民人均GDP

7.3.4 基于ISM法构建苏北循环农业生态补偿效益评价模型

ISM法最早由美国的J.华费尔特教授开发，可以用来分析复杂的社会经济系统问题，其特点是对复杂系统进行分解并最终构建出一个多级阶梯的结构模型。ISM法下的模型构建主要包括提取构成要素、确定关系图、建立邻接矩阵、推算可达矩阵、层次化处理、绘制有向图、形成递阶结构模型等几步。因为上面的研究已经确定了苏北农业生态补偿效益评价的指标集，接下来要做的就是根据ISM的基本原理对这些因素指标进行结构化处理。

7.3.4.1　确定因素指标之间的二元直接关系

运用 Delphi 法提请有关专家确定上述 22 个因素指标之间的二元直接关系，在此基础上，绘制这些因素指标之间的二元关系图，具体情况见下图 7-1。

指标	I_1	I_2	I_3	I_4	I_5	I_6	I_7	I_8	I_9	I_{10}	I_{11}	I_{12}	I_{13}	I_{14}	I_{15}	I_{16}	I_{17}	I_{18}	I_{19}	I_{20}	I_{21}	I_{22}
I_1		0	0	0	0	0	0	0	0	0	0	0	0	0	0	0	0	0	0	0	0	∨
I_2	0		0	0	0	0	∨	0	0	0	0	0	0	0	0	∨	0	0	0	0	0	0
I_3	0	0		0	0	0	0	0	0	0	0	0	0	∧	0	0	0	0	0	0	0	0
I_4	0	0	0		∨	0	0	0	0	0	∧	0	0	0	0	0	∨	0	0	0	0	0
I_5	0	0	0	∧		0	0	0	0	0	0	0	0	0	0	0	0	0	0	0	0	0
I_6	0	0	0	0	0		0	0	0	×	0	0	0	0	∨	0	0	0	0	0	0	0
I_7	0	∧	0	0	0	0		0	0	0	0	0	0	0	0	0	0	0	0	0	0	0
I_8	0	0	0	0	0	0	0		0	×	0	0	0	0	∨	0	0	0	0	0	0	0
I_9	0	0	0	0	0	0	0	0		0	0	0	0	0	0	0	0	∧	0	0	0	0
I_{10}	0	0	0	∨	0	×	0	×	0		0	0	0	0	0	0	0	0	0	0	0	0
I_{11}	0	0	0	0	0	0	0	0	0	0		0	0	∧	0	0	0	0	0	0	0	0
I_{12}	0	0	0	0	0	0	0	0	0	0	0		0	∧	0	0	0	0	0	0	0	0
I_{13}	0	0	0	0	0	0	0	0	0	0	0	0		∧	0	0	0	0	0	0	0	0
I_{14}	0	0	0	∧	0	0	0	0	0	0	0	0	0		0	0	0	0	0	0	0	0
I_{15}	0	0	∨	0	0	0	∧	0	0	0	0	0	0	0		0	0	0	0	0	0	∨
I_{16}	0	∨	0	0	0	0	0	0	0	∧	∨	0	∨	0	0		0	0	0	0	0	0
I_{17}	0	0	0	∧	0	0	0	0	0	0	0	0	0	0	0	0		0	0	∨	0	0
I_{18}	0	0	0	∧	0	0	0	0	0	0	0	0	0	0	0	0	0		0	0	0	0
I_{19}	0	0	0	0	0	0	0	0	0	0	0	0	0	0	0	0	0	0		∨	0	0
I_{20}	0	0	0	0	0	0	0	0	0	0	0	0	0	0	0	0	0	0	∧		0	0
I_{21}	0	0	0	0	0	0	0	0	0	0	0	0	0	∧	0	0	0	0	0	0		0
I_{22}	∨	0	0	0	0	0	0	0	0	0	0	0	0	∧	0	0	0	0	0	0	0	

图 7-1　苏北农业生态补偿效益评价指标二元关系图[①]

———————————

① 说明:横列要素表示因,竖列要素表示果。其中,Ii×Ij 表示 Ii 和 Ij 之间相互影响;Ii○Ij 表示 Ii 和 Ij 相互没有影响;Ii∧Ij 表示 Ii 影响 Ij,但 Ij 不影响 Ii;Ii∨Ij 表示 Ij 影响 Ii,但 Ii 不影响 Ij。

7.3.4.2 建立邻接矩阵 A 并求出可达矩阵 R

即根据各指标因素直接关系图建立邻接矩阵 A：

$$A = (a_{ij})_{22\times22} ; a_{ij} = \begin{cases} 1 & \text{当 } I_i \text{ 对 } I_j \text{ 有影响时} \\ 0 & \text{当 } I_i \text{ 对 } I_j \text{ 无影响时} \end{cases} \quad (i,j = 1,2,3,\cdots,22)$$

随后根据邻接矩阵求出可达矩阵 R：

$$R = A_r = A_{r-1} \neq A_{r-2} \neq \cdots \neq A_1, \quad A_r = (A+I)^r \quad (r = 1, 2, \cdots)$$

使用 MATLAB 7.0 迭代计算

$$A+I \neq (A+I)^2 \neq (A+I)^3 \neq \cdots \neq (A+I)^{k-1} \neq (A+I)^k = (A+I)^{k+1} = R_\circ$$

7.3.4.3 推出骨架矩阵并对其进行层次化处理

可达矩阵 R 中指标元素 I_6、I_8、I_{10} 间存在强连接关系，为此选取一个（这里选取 I_{10}）为代表，同时消除元素 I_6、I_8 所在的行和列以得到缩减矩阵 M；在此基础上，消除 I_1 与 I_8、I_7 与 I_{16}、I_{21} 与 I_4 之间的越级二元关系，再去掉各元素自身二元关系，得到骨架矩阵。在此基础上，假设 L_0，L_1，L_2，$\cdots$，L_p 为骨架矩阵从高到低的各级要素集合（其中 P 为最大级位数），$Lo = \Phi$，$j = 1$，$L_j = \left\{ I_j \in S - \sum_{k=1}^{j-1} L_K \mid L_{j-1}(I_i) = L_{j-1}(I_i) \cap D_{j-1}(I_i) \right\}$，采用迭代算法直到 $I - \sum_{k=1}^{j-1} = \Phi$ 为止，其中 $L(I_i) = \{ I_i \in I \mid a_{ij} = 1 \}$ 为 I_i 的可达集，$D(I_i) = \{ I_i \in I \mid a_{ij} = 1 \}$ 为 I_i 的前因集。根据上述原理求得 $L_1 = \{ I_8$, I_{10}, $I_6 \}$；同理 $L_2 = \{ I_{15}$, I_{16}, I_4, I_{14}, $I_{19} \}$；$L_3 = \{ I_{22}$, I_3, I_2, I_{12}, I_{11}, I_{13}, I_{17}, I_{18}, I_5, I_{20}, $I_9 \}$；$L_4 = \{ I_1$, I_7, $I_{21} \}$，此时按级间顺序排列的缩减骨架可达矩阵 $\boldsymbol{\varPi}_4(P) = \{ L_1 $; $ L_2 $; $ L_3 $; $ L_4 \}$ 见表 7-5。

表 7-5　按级间顺序排列的缩减骨架可达矩阵

因素	I_{10}	I_{15}	I_{16}	I_4	I_{14}	I_{19}	I_{22}	I_3	I_2	I_{12}	I_{11}	I_{13}	I_{17}	I_{18}	I_5	I_{20}	I_9	I_1	I_7	I_{21}	级间顺序
I_{10}	0	0	0	0	0	0	0	0	0	0	0	0	0	0	0	0	0	0	0	0	L_1
I_{15}	1	0	0	0	0	0	0	0	0	0	0	0	0	0	0	0	0	0	0	0	L_2
I_{16}	1	0	0	0	0	0	0	0	0	0	0	0	0	0	0	0	0	0	0	0	
I_4	1	0	0	0	0	0	0	0	0	0	0	0	0	0	0	0	0	0	0	0	
I_{14}	1	0	0	0	0	0	0	0	0	0	0	0	0	0	0	0	0	0	0	0	
I_{19}	1	0	0	0	0	0	0	0	0	0	0	0	0	0	0	0	0	0	0	0	
I_{22}	1	1	0	0	0	0	0	0	0	0	0	0	0	0	0	0	0	0	0	0	L_3
I_3	1	1	0	0	0	0	0	0	0	0	0	0	0	0	0	0	0	0	0	0	
I_2	1	0	1	0	0	0	0	0	0	0	0	0	0	0	0	0	0	0	0	0	
I_{12}	1	0	1	0	0	0	0	0	0	0	0	0	0	0	0	0	0	0	0	0	
I_{11}	1	0	1	0	0	0	0	0	0	0	0	0	0	0	0	0	0	0	0	0	
I_{13}	1	0	1	0	0	0	0	0	0	0	0	0	0	0	0	0	0	0	0	0	
I_{17}	1	0	0	1	0	0	0	0	0	0	0	0	0	0	0	0	0	0	0	0	
I_{18}	1	0	0	1	0	0	0	0	0	0	0	0	0	0	0	0	0	0	0	0	
I_5	1	0	0	1	0	0	0	0	0	0	0	0	0	0	0	0	0	0	0	0	
I_{20}	1	0	0	0	0	1	0	0	0	0	0	0	0	0	0	0	0	0	0	0	
I_9	1	0	0	0	0	1	0	0	0	0	0	0	0	0	0	0	0	0	0	0	
I_1	1	1	0	0	0	0	0	0	0	0	0	0	0	0	0	0	0	0	0	0	L_4
I_7	1	0	1	0	0	0	0	0	0	1	0	0	0	0	0	0	0	0	0	0	
I_{21}	1	0	0	1	0	0	0	0	0	0	0	0	1	0	0	0	0	0	0	0	

7.3.4.4　绘制要素间的多级递阶有向图

根据可达矩阵层次化的结果绘制出要素间的多级递阶有向图(见下图 7-2),其也是最终确定的苏北农业生态补偿效益评价指标体系的概念模型。在此模型中,I_j 代表的因素指标见表 7-4 中的具体标识;而连接各指标编码箭头的关系含义如下:实线双箭头表示强连接,实线单箭头表示一般连接,虚线单箭头则表示越级连接。

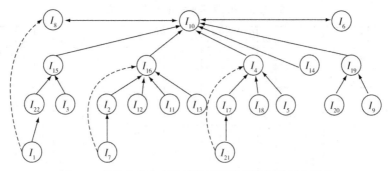

图 7-2　苏北农业生态补偿效益评价指标体系概念模型

7.3.4.5　确定苏北农业生态补偿效益评价解释结构模型

根据上述苏北农业生态补偿效益评价指标体系的概念模型，结合邻接矩阵求得可达矩阵，再根据实际情况适当修正，得出苏北农业生态补偿效益评价系统解释结构模型（见图 7-3）。该评价模型由四个层级构成，其中第一层级包括 3 个指标，即经济效益指标、生态效益指标、社会效益指标；第二层级包括农民增收程度、农业/农村资源利用率、生态事故发生率、农业生态补偿意识提高、农村居民幸福指数 5 个指标；第三层级包括农村居民人均 GDP、政策带动农村其他产业发展等 11 个指标；第四层级则由农业产投比、农村户用沼气年建设数量、森林覆盖率 3 个指标构成。

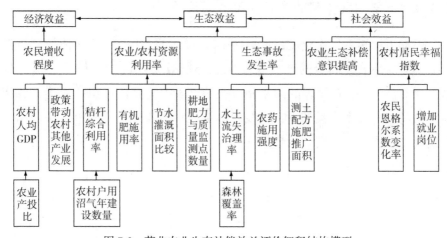

图 7-3　苏北农业生态补偿效益评价解释结构模型

7.3.4.6　对苏北农业生态补偿效益评价模型的理解

纵观苏北农业生态补偿效益评价模型，其具有两个鲜明的纵向特征。

一是该模型中的 3 个效益指标即经济效益指标、生态效益指标、社会效益指标同属第一层次，表明这 3 个指标高度概括了农业生态补偿的整体效益；同时这 3 个效益指标既有各自相对独立的评价指标体系，同时又在第一层次上存在强连接关系，且生态效益指标在评价系统中处于中心位置，表明苏北农业生态补偿产生的这 3 种影响效应相互作用，且生态效益指标应该是其补偿效益评价时的一个核心指标。因此，在利用该模型对苏北地区各地市的农业生态补偿效益进行评价时，既可以进行总体补偿效益的评价，也可以对三大效益分别进行评价。

二是在该模型中，农业产投比和农民增收程度、农村户用沼气年建设数量和农业/农村资源利用率、森林覆盖率和生态事故发生率之间存在越级连接关系，这并不是说农业产投比是影响农村人均 GDP 进而间接影响农民增收程度的唯一指标，只是在评价农业生态补偿经济效益时不能忽视农业产投比的深层影响；同样农村户用沼气年建设数量也不是影响秸秆综合利用率进而间接影响农业/农村资源利用率的唯一指标，森林覆盖率也不是影响水土流失治理率进而间接影响生态事故发生率的唯一指标，但在评价农业生态补偿生态效益时要特别注意这两个底层指标的深层影响。

7.3.5　苏北循环农业生态补偿效益的评价

7.3.5.1　建立苏北循环农业生态补偿综合效益评价递阶层次图

结合表 7-4 中有关苏北循环农业生态补偿效益评价的指标，根据各指标间的内在关联性，建立起苏北循环农业生态补偿综合效益评价的递阶层次图(图 7-3)。

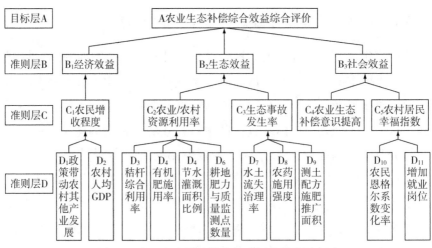

图 7-4 农业生态补偿综合效益评价递阶层次图

7.3.5.2 确定指标权重，构造判断矩阵

利用 1~9 标度法(见表 7-6)进行成对比较，同时参考专家意见，确定各因素之间的相对重要性并赋以相应的分值，构造出各层次中的所有判断矩阵。

表 7-6 1~9 标度的意义

标度 A_{ij}	意义
1	C_i 与 C_j 的影响相同
3	C_i 与 C_j 的影响稍强
5	C_i 与 C_j 的影响强
7	C_i 与 C_j 的影响明显的强
9	C_i 与 C_j 的影响绝对的强
2、4、6、8	为上述两判断级的中间值
1、1/2、…、1/9	C_i 与 C_j 的影响之比与上述说明相反

根据 AHP 法的递阶层次分析结构，设以 A 为目标层，准则层 B 各因素的两两比较判断矩阵为 A–B，类似地以 B_i 为比较准则，C 层次各因素的两两比较判断矩阵为 B_i–C，以 C_j 为比较准则，D 层次各因素的两两比

较判断矩阵为 C_j-D，其中 B_1 与 C_1 直接关联，所以直接构造 B_1-D 矩阵，由此得到 7 个比较判断矩阵，其中，A-B 比较判断矩阵如表 7-7 所示，B_1-D、B_2-C、B_3-C、C_2-D、C_3-D 与 C_5-D 的比较判断矩阵类似，限于篇幅不一一列出。

表 7-7　A-B 比较判断矩阵

A-B	B_1	B_2	B_3
B_1	1	1/3	2
B_2	3	1	6
B_3	1/2	1/6	1

7.3.5.3　确定层次单排序

表 7-7 所列出的判断矩阵，是针对上一层次而言进行两两评比的评定数据。层次单排序是把本层所有各元素对上一层排出评比顺序，这就要在判断矩阵上进行计算，计算方法如下。

首先，计算判断矩阵每一行元素的乘积 M_j，计算公式为：$M_j = \prod_{j=1}^{n} b_{ij}(i = 1, 2, \cdots, n)$

其次，计算 M_j 的 n 次方根 $\overline{W_i}$：$\overline{W_i} = \sqrt[n]{M_j}$

接下来，对向量 $W = [\overline{W_1}, \overline{W_2}, \cdots, \overline{W_n}]^T$ 进行归一化处理：$W_i = \dfrac{\overline{W_i}}{\sum_{i=1}^{n} \overline{W_i}}$，则 $W = [\overline{W_1}, \overline{W_2}, \cdots, \overline{W_n}]^T$ 为所求特征向量。

最后，计算判断矩阵的最大特征值 $\lambda_{\max}$：$\lambda_{\max} = \sum_{i=1}^{n} \dfrac{(AW)_i}{nW_i}$

7.3.5.4　进行一致性检验

为了保证应用层次分析法得到的结论合理化，还需要判断矩阵的一致性。这里引入一致性指标 CI（Consistency Index）作为衡量不一致程度的数量标准。$CI = \dfrac{\lambda_{\max} - n}{n-1}$，其中，$\lambda_{\max}$ 为判断矩阵的最大特征值。当判断矩阵的最大特征值稍大于 n，称 A 具有满意的一致性，其量化标准为平均随机一致性指标，即 RI 值(见表 7-8)。在表 4 中，当 $n=1$，2 时，RI=0，这是因为 1，2 阶判断矩阵总是一致的。当 $n \geqslant 3$ 时，令 $CR = \dfrac{CI}{RI}$，称 CR 为一致性比例。当 CR<0.1，认为比较判断矩阵的一致性可以接受，否则应对判断矩阵作适当修正。

表 7-8　平均随机一致性指标

n	1	2	3	4	5	6	7	8	9
RI	0	0	0.58	0.94	1.12	1.24	1.32	1.41	1.45

对上述各比较判断矩阵利用 YAAHP 软件通过以上方法求出其最大特征值及对应的特征向量，并将特征向量经归一化处理后，即可得到相应的层次单排序的相对重要性权重向量，以及一致性指标 CI 和一致性比例 CR (见表 7-9)。表 7-9 中的各层次的 CR 值均小于 0.1，据此得到各层次判断矩阵均通过一致性检验的结论。

表 7-9　一致性检验结果

矩阵	层次单排列的权重向量	λ_{max}	CI	RI	CR
$A-B$	$(0.2222, 0.6667, 0.1111)^T$	3	0	0.58	0
B_1-D	$(0.8333, 0.1667)^T$	2	0	0	0
B_2-C	$(0.5, 0.5)^T$	2	0	0	0
B_3-C	$(0.2, 0.8)^T$	2	0	0	0
C_2-D	$(0.6, 0.2, 0.1, 0.1)^T$	4	0	0.94	0
C_3-D	$(0.3333, 0.3333, 0.3333)^T$	3	0	0.58	0
C_5-D	$(0.8333, 0.1667)^T$	2	0	0	0

7.3.5.5　层次总排序及一致性检验

在上述确定各层次单排列权重及其一致性检验的基础上，要最终得到各元素特别是最低层中各因素指标对目标的排序权重，需要进行总排序。评价指标层次的总排序具体情况见图 7-5。

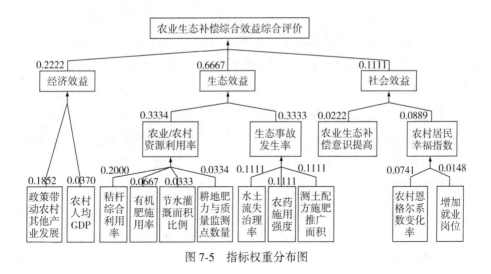

图 7-5　指标权重分布图

在总排序的基础上，计算综合检验指标对总排序结果进行一致性检验。

$$
\begin{aligned}
CR &= \frac{\displaystyle\sum_{j=1}^{n} CI(j)\, a_j}{\displaystyle\sum_{j=1}^{n} CI(j)\, a_j} \\[2ex]
&= \frac{(0,\ 0,\ 0,\ 0)(0.2222,\ 0.3333,\ 0.3333,\ 0.0889)^{\mathrm{T}}}{(0,\ 0.94,\ 0.58,\ 0)(0.2222,\ 0.3333,\ 0.3333,\ 0.0889)^{\mathrm{T}}} \\[2ex]
&= \frac{0}{0.506616} = 0 < 0.1
\end{aligned}
$$

因为综合检验指标 CR 小于 0.1，所以满足综合排序的一致性检验要求，从而认为用 AHP 法分析影响江苏农业生态补偿综合效益的因素，且确定各因素间的相对重要性程度可行。

7.3.6　苏北循环农业生态补偿效益评价的实证结论与可能的解释

7.3.6.1　实证结论

从以上分析可知，现阶段生态效益因素是影响苏北循环农业生态补偿综合效益的首要因素，其次是经济效益因素，社会效益因素则排在最后。通过所有因素层次总排序（见图 7-5）可以看出，目前对苏北循环农业生态补偿效益影响较大的因素有：农业/农村资源利用率及其下层因素指标中的秸秆综合利用率，生态事故发生率及其下层因素指标中的水土流失治理率、农药施用强度、测土配方施肥推广面积，以及经济效益下层因素指标政策带动农村其他产业发展等。可见"农废"资源特别是农业秸秆、农村粪便的综合利用、农业生态事故发生率的防范等已成为影响循环农业生态补偿综合效益的重要因素，而这些影响因素又都严重依赖农业技术水平。事实上，科技是发展生态循环农业的第一要素，在现阶段，从全面建成小康社会的高度完善循环农业生态补偿政策，不断推进生态循环农业发展中的技术攻关与技术替代，逐步解决循环农业经济发展中的技术锁定与技术替代难题势在必行。在今后的一段时间内，江苏区域的循环农业生态补偿需要加大农业技术补偿的力度，不断帮助解决生态循环农业发展中的技术锁定问题，不断引导加大"农废"资源综合利用、农业清洁生产工程、农村清洁能源工程等方面的技术攻关，合理推动生态循环农业经济发展中的技术替代，在确保农业生态补偿效益不断提升的基础上，努力提高农业生态补偿的经济效益与社会效益。

7.3.6.2 可能的解释

生态循环农业的发展需要大量的技术支持，2015 年中央 1 号文件指出要"完善农业服务体系，稳定强化基层农技推广等公益性机构，健全经费保障和激励机制……"。循环农业生态补偿作为循环农业发展的助推器，要把有限的资源用在刀刃上，切实推进农业技术水平的提高和环保高效农业技术的推广应用。为此，在生态循环农业发展中不断加大对传统农技的改进，对新农技研发、引进或推广农业高新技术的生态补偿迫在眉睫。江苏区域积极响应国家号召，通过财税手段积极推动农村集体土地产权制度改革，以期在坚持土地集体所有与农地利用方向不变的基础上，通过土地流转制度不断推动土地使用权的社会化流转和合理配置，进而推动农户不断使用新的农业技术开展农业规模化经营。但土地流转依照的是依法、自愿、有偿的原则，尽管有国家政策的引导，但仍有不少农民不愿出让土地使用权，而我国的农民又以风险规避型为主，使得当前的农技应用风险成为制约农技成果转化推广的主要影响因素。事实上，农民是农技推广的直接受益者，如果其思想僵化守旧，不能及时更新观念、学习农技知识，就很难做到有效配合相关农技人员的指导一起努力提升农技推广应用的效益。同时，作为农技推广的"最后一公里"，江苏区域当前的基层农技推广服务体系偏重政府主导型的推广模式，推进农技的方向性不强，很难调动各利益相关主体的积极性；加上政府不太重视农业信息体系建设、相关农技推广面的法律法规不健全、不少地方性的农技推广政策存在反复性，使得农技成果尚未构建起与现代科技和农民需求相适应的转化推广模式。

7.3.7　基于技术锁定与替代优化循环农业生态补偿政策的建议

7.3.7.1　重视循环农业技术替代的财税政策支持

各级政府应以增加农民收入为落脚点，优化现有的财税政策诱导扶持农民采用先进农技发展生态循环农业经济。一是要保障农技推广的财政预算资金到位并使其呈逐年递增态势，同时为确保该项资金专款专用，建议基层农技服务中心实行独立的财务核算，真正把钱用在农技这把刀刃上。二是通过财政补贴引导农户积极采纳"两型"农业生产模式，不断增强农户的自我补偿能力；在此基础上对负责农技研发、推广的相关主体给予一定的财政支持或定额补贴，以推动生态循环农业发展中的技术补偿。三是在完善现行的相关税收优惠政策，如对农业企业购买防污专利技术的可允许其对此类无形资产进行一次性摊销，而为了鼓励农业节能、节水技术的发展，可以将与此相关的技术性服务收入纳入企业所得税技术转让优惠的范围之内等。

7.3.7.2　在加速土地流转的基础上加快基层农技推广

首先，要开办土地流转服务机构，因势利导不愿或无法进行农业生产经营的农户促进土地使用权的流转；而对不愿放弃土地使用权的农户，可在村民小组统一组织下调整农业产业结构，引导连片种植经营以促进农业产业化。其次，要把竞争机制引入联产承包责任制中，培育集体土地使用权交易市场，对农村非农业建设用地和"四荒"土地采取有偿使用制度以避免这些土地撂荒。再次，要加强构筑农业科技原始性创新，适时将单项技术创新转变到更加强调各种技术的集成创新上来，以便把农技的研发、推广与开展农业产业化经营相结合。最后，要不断完善农村信息系统、健全农技推广网络体系，并以此为依托，构建上级指导考核、上下级相通、村级科技组织健全的"县、乡、村、户"四维一体的农技联动推广体系，抓好农技应用或替代的示范工作，培养农村科技示范户，以便为农民提供实实在在的学习样板。

7.3.7.3 增强农民对生态循环替代技术的吸纳力

一是可以考虑通过政策优惠为农技服务队伍从高校或社会上吸收引进新鲜血液，同时建立健全农技人员的继续教育和培训制度，促使他们通过高访、函授、挂职锻炼等方式更新知识结构、提高专业素养。二是建议充分发挥农村信息传播工具如广播、电视、科技书屋等的作用，积极探索"互联网络+"在农技推广中的应用，并通过经常性的农技下乡活动引导农民注重运用农技发展农业。三是要结合各地区农业专业化和产业化的现状，采取政府补一点、社会帮一点、自己出一点或以奖代补的办法对区域内的农民实行分类培养，如对农业大户可通过推荐进修、现场指导等方式将其培养成村中的农技带头人、农技应用能人，并借助其成效激发其他农户的科技意识与对新型农技的吸纳力。

7.3.7.4 转移防范生态循环农技应用的风险

建议建立起政府、市场、龙头企业和农户多元化结构的农技应用风险管理体系。从政府角度看，应建立农技应用风险保障基金制度和农产品风险基金制度，在完善农技应用保险制度时要增设生态循环农技应用保险项目，同时要不断优化农技应用补贴信贷政策。从市场的角度看，要以农户需求为导向大力培育农技市场、巩固乡镇农技推广和社会服务中介机构，不断强化农技与农业经济发展的有效对接。从龙头企业的角度看，因为农业产业化的经营实体一般经济实力、技术力量较为雄厚，能够对基地农户进行农技应用上的培训与指导，从而实现共赢发展。从农户的角度看，农户要不断提高自身驾驭农技风险的能力，可考虑与政府、社会组织等农技研发、推广应用方签订农技经济承包合同，以达到借助外力减轻先进农技应用风险的目的。

7.4　农业生态补偿助推宿迁绿色农业发展问题分析

目前宿迁市绿色农业发展虽取得一定成效，但存在的问题也比较突出，如生态资源优势尚未转化为农业竞争优势、农业面源污染治理不是很到位、绿色农业风貌总体相对落后等。为了借农业生态补偿之力推动宿迁市绿色农业的发展，在对绿色农业发展与农业生态补偿互动机理分析的基础上，从合理整合农业生态补偿项目提高绿色农业经济效益、完善"农废"综合利用补偿提高绿色农业发展动力、扩大森林补偿范围改善绿色农业发展环境、强化资金与政策扶持推动绿色农业有效发展四个方面提出相应建议。

7.4.1　宿迁绿色农业发展取得的成效

绿色农业强调农业发展中的"绿色化""生态化"，这有利于农业生态、农业经济和社会效益的协调发展。2014 年的《江苏省政府工作报告》明确指出建设"生态社区、绿色村庄"，实行"资源有偿使用制度和生态补偿制度"。宿迁市作为江苏省重要的农产品主产区，顺应时代潮流，立足本区域资源与生态禀赋，提出"生态优先、绿色发展"战略，积极实施农业生态补偿，这在一定程度上推动了本区域绿色农业的发展。

7.4.1.1　突出抓好农药化肥使用管理

宿迁集成推广种肥同播、化肥深施等高效施肥技术，积极探索有机养分资源利用有效模式；鼓励开展种植绿肥、增施有机肥，合理调整施肥结构，引导农民积极施用农家肥。努力扩大低毒生物农药补贴项目实施范围，加速生物农药、高效低毒低残留农药推广应用，逐步淘汰高毒农药；深入推进化肥农药减量施用，全面推广测土配方施肥技术模式，加快有机肥在园艺等经济作物中的推广应用，大力推进统防统治与绿色防控相融合，有效提升病虫害防治组织化程度和科学化水平。2016 年以来，全市累计推广有机肥 30 万亩, 应用低毒高效低残留农药 740 万亩次。

7.4.1.2 全力打造生态农产品品牌

(1) 加快发展"三品一标"农产品

宿迁全面推广农业标准化生产, 积极培育优质农业品牌和区域公用品牌, 鼓励和引导新型农业经营主体注册商标和发展"名、特、优"品, 重点支持"三品一标"农产品认证, 加快实现大宗农产品生产无公害化, 优势特色农产品生产绿色有机化。截至 2017 年 5 月, 全市累计认证"三品"标识农产品 971 个, "三品"实物总产量比重达 25%, 八集小花生、泗洪大米、洪泽湖河蚬、洪泽湖大闸蟹、洪泽湖青虾、丁嘴金菜、洋北西瓜等 7 个产品先后获批国家地理标志登记保护农产品。

(2) 加快培育农产品品牌

宿迁积极起草全市农产品品牌运营提升方案, 鼓励和引导农业龙头企业带头申报名牌农产品 (商标)。至 2017 年 5 月底, 全市拥有国家地理标志商标 3 个, 国家驰名商标 3 个, 省级著名商标 27 个, 市级知名商标 60 个; 拥有省级名牌农产品 19 个, 市级名牌农产品 55 个。同时, 宿迁市加快拓展农产品营销渠道, 全力推进"一村一品一店建设", 推动全市生态优质农产品触网上线, 拓宽销售渠道, 提高市场影响力。2016 年以来, 全市农产品线上销售额累计达 97.8 亿元。

7.4.1.3 加快推进农业产业融合发展

一是大力发展农产品加工业。宿迁市围绕果蔬、畜禽、水产等主导产业, 加快引进培育加工型农业龙头企业, 通过"公司+农户""公司+农场""公司+合作社"等方式, 带动周边农户建立订单原料供应基地。二是大力发展休闲观光农业。宿迁市着力推动农业与旅游、文化等产业深度融合, 通过特色农业小镇、休闲观光农业示范村、休闲农庄建设, 加快推动农区变景区、农家变酒家、农舍变旅社、农园变公园。2016 年以来, 全市休闲观光农业接待游客 415 万人次, 实现营业收入 17.3 亿元。三是大力发展立体复合农业。宿迁市大力推广农牧结合、稻渔结合、农林结合等立体复合经营模式, 2016 年以来全市累计新增立体复合经营面积 6.73 万亩。

7.4.1.4　积极做好生态农业示范创建

一是积极建设生态农业示范园。围绕生态经济示范镇建设，全市规划建设 8 个生态农业示范园，2018 年 8 个园区的建设规划已经完成，正在紧张建设过程中。二是积极建设畜禽养殖生态化示范点。按照市委市政府部署，全市共遴选建设 10 个生态化养殖示范点，现均基本完成建设改造工作，绿化、硬化等环境提升方案也已基本确定。三是积极建设生态渔业试验示范区。充分挖掘两湖资源优势，聚力打造全省生态渔业试验示范区，目前示范区建设规划正在进一步修订完善中。

7.4.2　宿迁绿色农业发展存在的问题

宿迁市绿色农业发展虽然取得了一定的成效，但资源消耗型农业效益增长模式还是没有得到根本性的改变，全市的亩均化肥施用量、农药施用量仍然超出合理化水平；受技术、资金和认识不足等诸多因素影响，宿迁的农业面源污染治理不是很到位，绿色农业的风貌总体相对比较落后。

7.4.2.1　生态资源优势尚未转化为农业竞争优势

宿迁市水土污染程度在全省较小，但农业发展还在走"拼资源消耗、拼要素投入"的传统发展老路，化肥、农药等亩均投入明显高于全国水平，特别是化肥亩均使用量 28 公斤，超过全国平均水平 3.9 公斤。同时，宿迁生态农产品品牌效应不够突出，全市"三品"的产地面积占比在全省位列第一，但"三品"的实物产量占比却仅为 25%，在全省排名靠在中下游，大量的农产品还是以低端、初级产品形式进入市场，7 个地理标志产品尚未成为在全国甚至全省叫得响、卖得俏的产品，没有真正发挥其带动农业增效、农民增收的作用。

7.4.2.2　农业面源污染治理不是很到位

突出表现在种养主体不愿投入和农业面源污染治理基础设施匮乏两个方面。以畜禽养殖污染治理为例，目前粪污处理设施建设成本约占养殖场固定资产投资的 10%～20%，加上日常运行维护成本增加，相当一部分养殖场不愿配套建设治污设施或不正常使用设施，造成粪污治理不彻底。同时，宿迁全市有机肥厂、沼气管网设施和集中养殖区畜禽粪污收集、运输、处理设施设备严重不足，无法满足畜禽养殖污染日常治理的需要。据不完全统计，宿迁全市畜禽粪污年产生量约 1 160 万吨，但其无害化处理与资源化利用率尚不足 40%。

7.4.2.3 绿色农业风貌总体相对落后

一是生产方式传统，高标准农田比重、农田水利设施现代化水平、农业机械化水平等关键指标均排名全省后位，现代化的农业设施装备应用普遍不足，体现不出现代、生态的农业生产风貌。目前宿迁市的农业标准化、农业资源综合利用、测土配方施肥等先进实用农业生产技术推广滞后或实施成效不显著。二是由于农技人员地位、收入历来较低，一旦有机会就会跳离农口，导致人才流失；同时部分优秀的农技人员被抽调到行政岗位或从事农业行政管理工作，农业技术推广的主导力、主心骨逐步缺失，影响先进实用农业技术的推广。此外，宿迁全市新型职业农民培育程度不足 30%，传统农民仍占大多数，对现代农业科技、现代农业经营方式接受能力有限，难以满足农业生态化、现代化发展需要。

7.4.3 绿色农业发展与农业生态补偿的互动机理

绿色农业是一种环境友好型的可持续性农业发展模式，其推动受资源、环境、生态、技术等多种因素影响。总体上来看，有效的农业生态补偿有利于推动绿色农业的健康持续发展、农村民生问题的改善及农村社会公平的实现；而绿色农业的发展又能为健全农业生态补偿机制、促使其发挥调控职能提供更多的理论支持与技术支撑。

7.4.3.1 合理的农业生态补偿有利于绿色农业的发展

绿色农业以"绿色环境""绿色技术""绿色产品"为主体，使过分依赖化肥、农药的化学农业向主要依靠生物内在机制的生态农业转变；发展绿色农业对生态环境的标准要求很高，绿色农业的发展是保护环境、保障食品安全卫生等的农业生产活动的总和。农业生态补偿作为解决农业生态环境问题的一种理性选择，其并非是一种独立的农业经济机制，而是绿色农业经济的"副产品"。建立健全农业生态补偿一方面是为缓解农业发展、农村经济建设对农业资源和生态环境造成的压力和破坏，另一方面是为实现农业资源与生态环境保护对农业经济建设的持续支撑。

7.4.3.2　绿色农业发展能为农业生态补偿提供支持

绿色农业在实施中特别强调低消耗、低排放、高效益，需要借助技术创新、区域实践、体制保障来确保农业生态、农户利益、农村经济三者的协调统一。而农业生态补偿机制是一种有偿使用自然资源与生态环境的新型管理模式，其对保护农业生态环境、解决绿色农业发展中的技术缺乏、制度缺失等问题意义重大。因为农业生态补偿机制在设计与运行中需要一系列的理论与科学技术作为支撑，如补偿标准的确定、补偿效益的评价等；而绿色农业比传统农业则更需要技术投入与管理资源介入，以使得绿色农业发展理念主要依赖于智力资源与科技手段。

7.4.4　宿迁农业生态补偿生态效益的评价

在苏北农业生态补偿效益评价结构模型中，生态效益是核心，同时也是经济效益和社会效益的必要保证。为了借助农业生态补偿更好地助推宿迁绿色农业发展，此处利用 AHP 法对宿迁农业生态补偿的生态效益进行评价。

7.4.4.1　建立宿迁农业生态补偿生态效益评价递阶层次

宿迁地处苏北，其生态优势得天独厚，被誉为"华东的一块净土，黄淮海地区最大的氧吧"。2017 年，江苏省委在对全省发展格局进行系统设计时，提出了实施"1+3"的重点功能区战略，明确把宿迁作为全省生态经济区试点。江苏省委书记李强鼓励宿迁"不必纠结 GDP，要放下包袱"，大力发展生态经济；宿迁也将建设"江苏生态大公园"作为自身未来发展的定位和方向，坚持"生态优先，绿色发展"理念，积极探索生态经济示范区建设。而在农业生态经济示范区建设过程中，农业生态补偿发挥了重要的推动作用。根据上面构建的苏北农业生态补偿效益评价解释结构模型，此处针对宿迁农业生态补偿生态效益构建评价指标递阶层次见表 7-10。

表 7-10 宿迁农业生态补偿生态效益评价递阶层次

目标层	准则层	实施层
农业生态补偿生态效益 A	农业/农村资源利用率 B_1	秸秆综合利用率 C_1
		有机肥施用率 C_2
		节水灌溉面积比例 C_3
		耕地肥力与质量监测点数 C_4
	农业生态事故发生率 B_2	水土流失治理率 C_5
		农药施用强度 C_6
		测土配方施肥推广面积 C_7

7.4.4.2 确定指标权重并构造判断矩阵

利用 1~9 标度法对宿迁农业生态补偿生态效益评价递阶层次中的因素进行成对比较，同时参考专家意见确定各因素间的相对重要性并赋值，构造各层次的判断矩阵。其中，$A-B$ 比较判断矩阵如表 7-11 所示，$B_1-C_{1~4}$、$B_2-C_{5~7}$ 的比较判断矩阵类似。

表 7-11 $A-B$ 比较判断矩阵

$A-B$	B_1	B_2
B_1	1	4
B_2	1/4	1

7.4.4.3 确定层次单排序并进行一致性检验

计算判断矩阵每一行元素的乘积 M_j，在此基础上求出 M_j 的 n 次方根 $\overline{W_i}$，并对向量 $W=[\overline{W_1}, \overline{W_2}, \cdots, \overline{W_n}]^{\mathrm{T}}$ 进行归一化处理，进而计算出各判断矩阵的最大特征值 $\lambda_{\max}$，这样就把本层全部各元素对上一层排出评比顺序。而为了保证分析结论的合理化，则需要引入一致性指标 CI（CI $=\dfrac{\lambda_{\max}-n}{n-1}$），其量化标准为平均随机一致性指标即 RI 值。为此，利用 YAAHP

软件对上述各比较判断矩阵进行处理，得到相应层次单排序的相对重要性权重向量与一致性指标 CI 和一致性比例 CR。从表 7-11 中可以看出，各层次 CR 值均为 0，小于评判标准 0.1，一致性检验通过。

表 7-11　一致性检验结果

矩阵	层次单排列的权重向量	λ_{max}	CI	RI	CR
$A-B$	$(0.8000,\ 0.2000)^{\mathrm{T}}$	2	0	0	0
B_1-C	$(0.5333,\ 0.1333,\ 0.0667,\ 0.0667)^{\mathrm{T}}$	4	0	0.94	0
B_2-C	$(0.1333,\ 0.0444,\ 0.0222)^{\mathrm{T}}$	3	0	0.58	0

7.4.4.4　层次总排序及一致性检验

表 7-12 是评价指标层次的总排序结果，从中可以看出，在宿迁农业生态补偿中，现阶段对农业生态补偿的生态效益影响比较大的是农业/农村资源利用率(0.8000)，其次是农业生态事故发生率(0.2000)。而在实施层面上，各影响因素的相对重要程序依次是秸秆综合利用率(0.5333)、有机肥施用率(0.1333)、水土流失治理率(0.1333)、节水灌溉面积比例(0.0667)、耕地肥力与质量监测点数(0.0667)、农药施用强度(0.0444)、测土配方施肥推广面积(0.0222)。

表 7-12　层次总排序的指标权重分布

目标层	准则层	实施层
农业生态补偿生态效益	农业/农村资源利用率(0.8000)	秸秆综合利用率(0.5333)
		有机肥施用率(0.1333)
		节水灌溉面积比例(0.0667)
		耕地肥力与质量监测点数(0.0667)
	农业生态事故发生率(0.2000)	水土流失治理率(0.1333)
		农药施用强度(0.0444)
		测土配方施肥推广面积(0.0222)

在总排序的基础上，通过计算综合检验指标对总排序结果进行一致性检验。因为计算出的综合检验指标 CR 为 0，明显小于参考标准 0.1，从而通过一致性检验，因此可认为通过上述方法确定的影响宿迁农业生态补偿

生态效益的各因素间的相对重要性程度可行。

$$CR = \frac{\sum\limits_{j=1}^{n} CI(j)\,a_j}{\sum\limits_{j=1}^{n} RI(j)\,a_j} = \frac{(0,\ 0)(0.8000,\ 0.2000)^{T}}{(0.94,\ 0.58)(0.8000,\ 0.2000)^{T}} = \frac{0}{0.868} = 0 < 0.1$$

7.4.5　实证结论与政策建议

7.4.5.1　实证结论

一方面，目前农业/农村资源利用对宿迁农业生态补偿生态效益的影响较大，而其中的秸秆综合利用更是重中之重；除了传统的秸秆机械化还田外，当地有机肥的施用情况也不容忽视。另一方面，尽管宿迁近年来农业生态事故发生率很低，但一旦出现事故，其后果势必会很严重，必将会对农业经济效益、社会效益产生不利影响。为此，宿迁市需要在强化农废综合利用、提高有机肥施用比率、做好水土流失防治工作的基础上，进一步加快区域性绿色农业的发展。

7.4.5.2　完善农业生态补偿助推宿迁绿色农业发展的建议

安全的产地环境能为绿色农产品生产和绿色农业可持续发展奠定良好的物质基础，在当前农业生态保护和绿色农业发展需要并行的关系中，农业生态补偿的不断完善将会在协调两种关系的过程中发挥关键作用。2019年中央一号文件强调要发挥粮食主产区优势，不断完善粮食主产区利益补偿机制。将农产品主产区纳入绿色生态补偿政策的扶持范围，这既是国家主体功能区配套扶持政策的应有之义，也是对主产区粮食耕地的生态关怀和人文关怀。

(1)健全以农业生态补偿为主的农业绿色补贴政策

宿迁在推动绿色农业发展时，要充分考虑当地的生态诉求，协调好各利益主体的关系，通过不断完善农业生态补偿政策与补偿机制助推绿色农业更好、更快的发展。实现农业绿色发展的重要途径就是通过发挥政府和市场手段相结合的方式，将目前的以保护产量为主的保护价收购等补贴政策，转化为以农业生态补偿为主的绿色补贴，以此来调整社会经济发展与生态文明建设之间各利益主体的关系，推进农业资源环境的可持续利用，这对实现农业人口、资源与环境的可持续发展具有重要的理论和现实意义。结合宿迁市农业生态补偿特别是其补偿生态效益评价的结果，在目前补偿人力、物力、财力有限的情况下，要重点关注评价系统的底层指标，并以此为切入点推动区域内农业生态补偿项目的更好实施。

(2)整合农业生态补偿项目提高绿色农业经济效益

现实中不少农业生产经营者为提高产量拔苗助长，滥用化肥、农药、农膜等农业投入品，其结果可能是在短期内提高了粮食等农产品的产量，但却可能导致土壤肥力降低、农产品质量下降、农业生态环境污染等问题。宿迁开展的耕地质量监测、测土配方施肥、有机肥补贴等农业生态补偿项目主要就是为了减少有毒、有害、有污染的农用生产资料、农用工程物资的投入，引导农户科学种养，可持续生产，从而提高农产品质量。但开展这些有利于改善耕地质量、提高农产品安全系数的农业生态环境保护项目前期投入一般比较大，回报周期相对较长，部分农户基于短期经济利益考虑参与补偿项目的热情不高。事实上，实施这些补偿项目并不意味着任何化肥、农药、农膜都不用了，在推动农业生态补偿工作中不妨对耕地质量监测、测土配方施肥、有机肥补贴等补偿目标接近、投入方向相近的农业生态补偿项目进行整合，发挥相关专项补助资金合力的作用以增加相关产出效率；同时建议不断强化农产品安全建设工作，将农业"三品"的加工销售也纳入农业生态补偿之中，通过补偿政策鼓励农业"三品"的生产和销售，使其能通过交易获得市场价差补偿，从而提高经济效益。

(3)完善"农废"综合利用补偿提高绿色农业发展动力

近年来，宿迁地区以秸秆、粪便为重点，持续开展"农废"综合利用，种养结合、循环利用，有效地控制农业面源上的污染。与此相适应，该区域规模化畜禽粪便综合利用项目、秸秆综合利用项目、农业可再生资源循环利用项目的生态补偿内容也在不断调整充实，以期充分利用这些"农废"类资源。但这类补偿项目的补偿政策目前也存在不少问题，如补偿主体比较单一，补助资金总量不足、受益客体数目不多，补偿方式不够灵活，补偿标准不尽合理等。因此，建议不断完善"农废"综合利用财政生态补偿机制，吸纳更多非财政力量投身于农业生态环境的改善，在扩充农业生态补偿资金底盘的同时，在"农废"综合利用补偿方式、补偿资金使用以及补偿标准的确定上给予地方政府更大的支配权，使其能够立足区域实情，因地制宜，合理发挥财政补偿资金的政策正面导向作用，调动各相关主体发展生态循环农业、开展农村清洁工程的积极性。

(4)扩大森林补偿范围改善绿色农业发展环境

宿迁的林业生态补偿主要针对经济效益较低的生态公益林，现阶段该市共有33.55万亩生态公益林，分布上呈三种形态：一是块状沿湖沿山体分布，如洪泽湖的水源涵养林、嶂山林场等林场；二是网状沿河分布，如京杭大运河、废黄河、中运河、洪泽湖、沭河等的水源涵养林、护岸林；三是带状沿路分布，如各级公路的护路林以及农田防护林。近年来，宿迁市将从省上争取到的森林生态效益补偿资金全部用于区域内重点生态公益林管护劳务、防火、有害生物防治、补植抚育以及建立森林资源档案等的支出，使得这些公益林在涵养水源、净水保土、防风降噪、调节气候、吸附尘霾等方面发挥了一定的积极效应。尽管如此，宿迁的农业生态环境改善效果依然有限。为此，建议宿迁以重点生态公益林管护为基础，逐步扩大森林生态补偿范围，不断加大农村绿化造林的力度，积极支持国家森林城市创建工作，努力争取早日入选全国森林城市，在通过农业生态补偿使得区域生态环境不断改善的同时，积极培育开发农业生态旅游产业，争取为区域发展和社会进步创造更多的经济、社会效益。

(5)强化资金与政策扶持推动绿色农业有效发展

农业生态补偿所需资金额大，而国家财政补助资金有限，政府可考虑发行中长期特种环保债券筹集绿色农业发展资金，金融部门也要给予绿色农业发展一定的资金优惠政策，政府还应积极引导民间资本投入到绿色农业发展与绿色农产品生产中。目前宿迁大部分地区不允许进行大规模的工业化开发，为此在发展区域绿色农业过程中要积极争取更多的绿色农业产业发展、产品生产、项目投资等方面的财税政策支持和优惠，并借助财税激励措施进一步增强农民对耕地质量的保护意识，促进绿色农业技术的应用及高标准绿色农产品基地的创建。为此，需要采取有效措施积极开展绿色农业知识教育与符合绿色农业要求的先进种养技术和加工技术的研发，强调在技术集成基础上形成有竞争力的绿色农产品和绿色农业产业。这就要求政府在主导制定绿色农业生态补偿规划时，应尊重农民意愿，注重优秀农技人员的培养，积极培育居民对绿色农业生态系统服务功能的认知及对绿色农产品的购买意向。

第八章　研究结论与研究展望

8.1　研究结论

本书在分析我国农产品主产区农业生态补偿实践现状、成效与面临困境的基础上，结合国外农业生态补偿的经验与启示，围绕黄淮平原农产品主产区农业生态补偿及其政策优化进行了深入研究，得出以下结论。

结论一：我国的农业生态补偿以"开源型"补偿为主，随着相关补偿项目的不断推进，我国农业生态补偿的制度化建设取得了一定成效。但由于起步较晚，国内农业生态补偿政策法制化还处在起步阶段，各类补偿政策或法规的推行缺乏长效保障机制，补偿项目总体缺乏配套的监管机制与先进客观的评价制度，补偿标准一刀切的现象比较严重，补偿资金的财税来源保障与金融机构信贷支持不足，这些都需要权威的农业生态补偿法律法规与强有力的相关政策体系为其提供保障与支撑。

结论二：国外发达国家生态补偿起步较早，其在补偿法律法规的建立健全、补偿界限的划分、补偿标准的确定、补偿模式的选择、补偿的金融支持以及支付机制的运用等方面积累了一些有益经验，值得学习与借鉴。总体来看，制定法律法规是建立农业生态补偿机制的前提，实行技物结合是农业生态补偿可持续的重要支撑，加强监管是确保农业生态建设成果的必要手段，充分利用市场机制和多渠道的融资体系是稳步推进农业生态补偿成果转化的主要途径。

结论三：近年来黄淮平原农产品主产区因地制宜，在农作物秸秆综合利用、农作物秸秆机械化还田、畜禽排泄物资源化利用、耕地地力保护、测土配方施肥等农业生态保护补偿工作中取得阶段性成果。但补偿资金主要依赖中央与地方财政，各地区补偿的内容、政策、标准等存在一定的差异性，重点推广的补偿项目也各有侧重，但基本都存在补偿政策延续性不强、补偿标准偏低、补偿范围较窄、参与主体有限、优良生态产品和生态服务供给不足等矛盾，亟需完善农业生态补偿政策体系，探索建立健全政府主导、企业与社会参与、市场化运作的可持续农业生态补偿机制。

结论四：迄今为止，黄淮平原农产品主产区的农业生态补偿政策实施已获得了较为明显的环境效益和社会效益，但其各具体区域的农业生态补偿政策无论是在政策制定、政策执行还是政策支撑方面都还存在着一些亟待解决的问题。结合黄淮平原农产品主产区区域实情与国外启示，可考虑在"多中心分类补偿的政府与市场机制协调框架"下，综合运用管制型和补偿型相结合的农业生态补偿政策体系，积极破解其现有农业生态补偿政策在制定、实施、支撑方面遇到的难题。

结论五：黄淮平原农产品主产区农业生态补偿政策的制定要以政府公共财政补偿为主导，推动补偿主客体多元化、根据生态功能检测评估结果因地制宜制定补偿标准、基于对农业生态有益行为的认知合理确定补偿范围、根据补偿客体需要合理选择补偿方式；政策执行要明晰自然资源产权关系建立长效补偿机制、构建多样化的农业生态补偿融资渠道、宣传教育与奖惩相结合调动利益相关者的参与热情、不断加大农业生态补偿的监管力度、积极推动农业生态补偿成果的立体性转化；政策支撑要不断健全农业生态补偿法律法规体系、组织管理体系、金融财政体系、监督评估体系等。

结论六：合理的农业生态补偿有利于新型农业的发展，而新型农业的发展能够为农业生态补偿提供技术与理论支持。苏北的农业生态补偿在助推新型农业如循环农业、绿色农业发展方面做了一些有益探索，但总体上对新型农业发展的推动作用有限。在基于技术锁定与替代视角对苏北循环农业生态补偿效益评价时发现，现阶段生态效益因素是影响苏北循环农业生态补偿综合效益的首要因素，其次是经济效益因素，最后是社会效益因素；而对地处苏北的宿迁市而言，影响其农业生态补偿生态效益的最大因素是农业/农村资源的利用率。为此，有必要从推动新型农业发展的视角，考虑基于社区的农业生态补偿模式，进一步优化补偿政策，不断提升补偿的综合效益。

8.2 研究展望

总体上来看，我国有关农业生态补偿在不同阶段的研究热点不尽相同，研究的方法也逐渐从定性研究向定性定量相结合、实证研究的方向发展。从主要研究的内容来看，国内研究经历了从农业生态补偿的依据与必要性，到农业生态补偿机制，再到农业生态补偿标准等的阶段；从主要研究领域看，则表现为从一开始聚焦于森林、湿地等某一个或某几个研究方向，随后逐渐向耕地、水域、森林、草原、湿地等大农业自然资源拓展的百花齐放的多元化格局。随着社会公众对农业生态环境的诉求方兴未艾，有关农业生态补偿受偿意愿、农业生态补偿效益评价、农业生态补偿法律政策优化、农业生态补偿机制的不断健全等研究仍将拥有较大的探索空间。

值得一提的是，近几年有关新型农业生态补偿问题的研究开始成为热点。但我国这方面的研究尚处于初级阶段，未来研究中，循环农业、绿色农业生态补偿内涵的界定有待突破；农业生态补偿机制的研究领域要继续向各大细分领域拓展，新型农业生态补偿政策的法制化进程有待加快；同时，补偿标准作为农业生态补偿的关键问题，其现有的测算方法大多以生态服务价值为核心，无论是条件价值和选择实验方法，还是当量因子法等都具有较高的主观性，所以未来新型农业生态补偿的测算方法亟待改进，补偿标准需要更有说服力的阐述与更客观的界定，以便更好地适应地区发展特色、满足特定人群的支付意愿。此外，跨区域的农业生态补偿问题即区际农业生态补偿问题也刚刚起步，现有研究不多，其也是未来农业生态补偿研究的一个重要方向。

参考文献

［1］Ozanne A, Hogan T, Colman D. Moral hazard, risk aversion and compliance monitoring in agri-environmental policy. European Review ofAgricultural Economics, 2001, 28(3): 329-348.

［2］Moran D, McVittie A, Alleroft D J, Elston D A. Quantifying public preferences for agri-environmental policy in Scotland: a comparison of methods.

［3］von Haaren c, Kempa D, Vogel K, Rüter S. Assessing biodiversity on the farm scale as basis for ecosystem service payments. Journal of Environmental Management, 2012, 113: 40-50.

［4］Eloy L, Méral P, Ludewigs T, Pinheiro G T, Singer B. Payments for ecosystem services in Amazonia. The challenge of land use heterogeneity in agricultural frontiers near Cruzeiro do Sul (Acre, Brazil). Journal of Environmental Planning and Management, 2012, 55(6): 685-703. ［5］Arriagada R A, FerraroP J, Sills E o, Pattanayak S K, Cordero-Sancho s. 0 payments for environmental services forest cover? A fam-levelevaluation from Costa Rica. Land Economics, 88(2): 382-399.

［6］Ulber L, Klimek s, Steinmann H H, Iselstein J, Groth M. Implementing and evaluating the efetiveness of a payment scheme for environmental services from agricultural land. Environmental Conservation, 2011. 38(4):464-472.

［7］Zbinden S, Lee D R. Paying for environmental services: an analysis of participation in Costa Rica & apos; s PSA program. World Development, 2005, 33 (2): 255-272.

［8］Schroeder L A, Isselstein J, ChaplinS, Peel S. Agri-environment schemes:

farmers' acceptance and perception of potential Payment by Results in grassland-a case study in England. Land Use Policy, 2013, 32: 134-144.

[9] 欧阳芳, 王丽娜, 闫卓, 门兴元, 戈峰. 中国农业生态系统昆虫授粉功能量与服务价值评估[J]. 生态学报, 2019, 39(01): 131-145.

[10] 易武英, 刘虹虹, 张建利, 唐金刚, 代丽华. 典型喀斯特峰丛洼地农业生态系统生态服务价值评估——以平塘县 19 个乡镇为例[J]. 贵州科学, 2017, 35(06): 50-55.

[11] 乔蕻强, 程文仕, 刘学录. 基于条件价值评估法的农业生态补偿意愿及支付水平评估——以甘肃省永登县为例[J]. 水土保持通报, 2016, 36(04): 291-297.

[12] 范水生, 陈文盛, 邱生荣, 朱朝枝. 山地型休闲农业生态系统服务功能价值评估研究[J]. 中国农业资源与区划, 2015, 36(07): 117-122.

[13] 赵姜, 龚晶, 孟鹤. 基于土地利用的北京市农业生态服务价值评估研究[J]. 中国农业资源与区划, 2015, 36(05): 23-29.

[14] 周颖, 周清波, 周旭英, 甘寿文, 杨雪萍. 意愿价值评估法应用于农业生态补偿研究进展[J]. 生态学报, 2015, 35(24): 7955-7964.

[15] 段颖琳. 甲积峪小流域农业生态系统服务价值评估与优化[D]. 西南大学, 2015.

[16] 章菲. 传统农业生态系统的生态价值评估理论与实证研究[D]. 湖北大学, 2014.

[17] 杨正勇, 杨怀宇, 郭宗香. 农业生态系统服务价值评估研究进展[J]. 中国生态农业学报, 2009, 17(05): 1045-1050.

[18] 严立冬, 张亦工, 邓远建. 农业生态资本价值评估与定价模型[J]. 中国人口·资源与环境, 2009, 19(04): 77-81.

[19] 何可, 闫阿倩, 王璇, 张俊飚. 1996—2018 年中国农业生态补偿研究进展——基于中国知网 1582 篇文献的分析[J]. 干旱区资源与环境, 2020, 34(04): 65-71.

[20] 梁流涛, 高攀, 刘琳轲. 区际农业生态补偿标准及"两横"财政跨区域转

移机制——以虚拟耕地为载体[J].生态学报,2019,39(24):9281-9294.

[21]晓颖.绿色发展视野下农业生态补偿法律机制建设[J].农业经济,2019(04):86-88.

[22]叶菁.精准扶贫视域下农业生态补偿市场法律制度建设研究[J].农业经济,2017(09):73-75.

[23]王琳,刘广明.京津冀农业生态补偿法律问题研究——以张承地区为例[J].农业经济,2017(08):94-95.

[24]温华.农业生态补偿立法探析[J].农业经济,2017(07):10-12.

[25]赵俊,洪怡恬.福建省湿地生态补偿法律机制及效用研究[J].中国农业资源与区划,2017,38(04):135-140.

[26]李建英,刘婷婷.国外金融机构农业生态补偿的做法与借鉴[J].武汉金融,2017(03):49-52.

[27]谢帆.黑龙江省农业生态补偿政策执行效果优化探究[J].现代农业研究,2020,26(03):45-47.

[28]栾江,田晓晖,仇焕广,戴恬茗.农业生态补偿政策的国际经验及其对中国的启示[J].世界农业,2018(08):4-10+21+212.

[29]王晓宝.我国农业生态补偿政策绩效研究[D].河南农业大学,2018.

[30]吴乐,孔德帅,李颖,靳乐山.地下水超采区农业生态补偿政策节水效果分析[J].干旱区资源与环境,2017,31(03):38-44.

[31]王宾.中国绿色农业生态补偿政策:理论及研究述评[J].生态经济,2017,33(03):19-23.

[32]王有强,董红.德国农业生态补偿政策及其对中国的启示[J].云南民族大学学报(哲学社会科学版),2016,33(05):141-144.

[33]焦美玲.基于农户意愿的农业生态补偿政策研究[D].南京农业大学,2015.

[34]刘尊梅.我国农业生态补偿政策的框架构建及运行路径研究[J].生态经济,2014,30(05):122-126.

[35]李晓乐.绿色发展理念下农业生态补偿机制的优化分析[J].农业经济,
2019(05):75-77.

[36]居学海,薛颖昊,习斌,靳拓,徐志宇,高尚宾.构建农业生态补偿机制
推进农业绿色发展(英文)[J].Journal of Resources and Ecology 资源与
生态杂志,2018,9(04):426-433.

[37]段禄峰.国外农业生态补偿机制研究[J].世界农业,2015(09):26-30
+76.

[38]李颖,葛颜祥,刘爱华,梁勇.基于粮食作物碳汇功能的农业生态补偿机
制研究[J].农业经济问题,2014,35(10):33-40.

[39]吴昊,梁永红,管永祥,王子臣.江苏建立农业生态补偿机制的实践探索
与政策建议[J].江苏农业科学,2014,42(04):308-310.

[40]刘晓燕.黔东南州生态建设中建立农业生态补偿机制的实践探索[J].
贵州农业科学,2012,40(09):64-66.

[41]王欧,宋洪远.建立农业生态补偿机制的探讨[J].农业经济问题,2005
(06):22-28+79.

[42]牛志伟,邹昭晞.农业生态补偿的理论与方法——基于生态系统与生态
价值一致性补偿标准模型[J].管理世界,2019,35(11):133-143.

[43]梁流涛,祝孔超.区际农业生态补偿:区域划分与补偿标准核算——基于虚
拟耕地流动视角的考察[J].地理研究,2019,38(08):1932-1948.

[44]朱子云,夏卫生,彭新德,黄道友.基于机会成本的农产品禁产区农业生
态补偿标准探讨——以湘潭市为例[J].湖南农业科学,2016(11):
102-105.

[45]杨雪钊.涞水县农业生态环境补偿标准研究[D].河北农业大学,2013.

[46]付意成,高婷,闫丽娟,张爱静,阮本清.基于能值分析的永定河流域农
业生态补偿标准[J].农业工程学报,2013,29(01):209-217.

[47]庞爱萍,孙涛.基于生态需水保障的农业生态补偿标准[J].生态学报,
2012,32(08):2550-2560.

[48]王风,高尚宾,杜会英,倪喜云,杨怀钦.农业生态补偿标准核算——以

洱海流域环境友好型肥料应用为例[J].农业环境与发展,2011,28(04):115-118.

[49]MaS, Swinton S м, Lupi F, Jolejole-Foreman c. Farmers' willingness to participate in payment-for-environmental-services programmes. Journa ol Agricultural Economics, 2012, 63(3): 604-626.

[50]秦小丽,陈沛然.国内生态补偿财税政策研究述评[J].财会月刊,2014(20):49-52.

[51]秦小丽,刘益平,王经政.农业生态补偿效益评价模型的构建及应用[J].统计与决策,2018,34(15):71-75.

[52]秦小丽,王经政.基于农村社区发展的苏北农业生态补偿情况调研及完善对策[J].商业经济,2016(01):20-22.

[53]秦小丽,王经政,陈沛然.苏北农产品主产区农业生态补偿实践及其财税政策优化研究[J].江苏农业科学,2017,45(07):316-320.

[54]秦小丽,刘益平,王经政.苏北循环农业生态补偿与生态循环农业发展问题研究[J].生态经济,2017,33(05):138-143+180.

[55]秦小丽,刘益平,王经政,姜丽丽.江苏循环农业生态补偿效益评价[J].统计与决策,2018,34(03):69-72.

[56]秦小丽,许忠荣,仝爱华.宿迁市绿色农业发展问题分析——基于农业生态补偿的视角[J].商业经济,2019(02):126-128.